ニューヨークのパブリックスペース・ムーブメント

公共空間からの都市改革

編著
中島直人

著
関谷進吾
北崎朋希
三浦詩乃
三友奈々

学芸出版社

はじめに

パブリックスペース・ムーブメントとは

2021年6月、ニューヨーク州は新型コロナウイルス感染症蔓延に伴う非常事態宣言を1年3カ月ぶりに解除した。この時点でコロナ感染症による死者が累計3万5千人に達していたニューヨークも、その後の2年間で日常を完全に取り戻した。2022年1月には、コロナ禍で悪化した治安の立て直しを訴えた元警察官のエリック・アダムスが新市長に就任した。ニューヨークではコロナ禍は過去のものとなったが、その経験はパブリックスペースを語る際に何度も思い出されるだろう。

ニューヨークでは、高密な都市空間内での多種多様な人々の濃密なコミュニケーションが、世界を牽引する都市文化、都市経済を生み出してきた。しかし、その「都市の中の都市」ともいえる特質が、そのままコロナの大きな被害に結びついてしまった。コロナ感染症が蔓延する過程で、ニューヨーク都市圏から次々と人々が脱出したとも報道された。

一方で、ニューヨークは、特に街路や広場を対象としたウィズコロナの空間政策をいち早く展開した都市でもあった。同市では、2020年3月22日に在宅勤務義務、自宅待機要請が出されたが、3月27日には、歩道空間の密集を避けるために、既存街路を暫定的に歩行者天国化する「オープンストリート」制度の試行を開始し、5月には本格運用に入った。また、飲食店の閉鎖が続く6月の段階で、「オープンレストラン」制度を立ち上げ、歩道や広場といった屋外での飲食スペースの設置も開始された。両制度とも市内各地で活用され、気づけばこれまで以上に歩行者に優しい街が出現していた。三密対策のための道路占用許可基準の緩和を決めていた日本でも、それらの取り組みは大いに参照されることになった。では、なぜ、ニューヨークではこのような街路や広場を活用した素早いウィズコロナの取り組みが可能となったのだろうか。

本書では、ニューヨークにおいて、マイケル・ブルームバーグ元市長の市政期（2002年1月1日〜2013年12月31日）に全面展開され、現在も継続中の「パブリックスペース・ムーブメント」の全貌を見ていく。「パブリックスペース・ムーブメント」は私たちの造語ではない。同市の公共空間政策に深く関わってきたNPOデザイントラスト・フォー・パブリックスペース（Design Trust for Public Space：DTPS）が、設立20周年にあたる2015年に、ニューヨークにおける「公共空間のルネサンス」を省察する目的で発表した報告書の題名に用いられた言葉である。関係者への連続インタビューが収められた同報告書では、言葉の定義は示されてはいないが、その内容から伝わってくるのは、単に公共空間を生み出すだけでなく、都市のガバナンスの変革や公平という観点から公共空間の意義の再考を促したプロジェクトや活動を総称しているということである。その担い手はさまざまなセクターに及んでおり、対象も公園、広場、街路など多岐にわたる。つまり、パブリックスペース・ムーブメントとは、公共空間を主題とした都市全体にわたる改革運動のことなのである。

本書の構成

本書では、パブリックスペース・ムーブメントを多様な主体によって市域に広がっていった運動として捉え、以下の8章に分けてその全貌を見ていくことにしたい。

1章：パブリックスペース・ムーブメントの前提を理解するために、ニューヨークにおける公共空間論のレガシーを確認した後、ブルームバーグ市政による改革の理念、そして空間政策の核となった長期計画「PlaNYC」の役割を解説する。

2章：緑の芝生にカラフルなビストロチェアが散りばめられ、オフィスワーカーから観光客まで多種多様な人々が干渉することなく同じ空間をシェアしているブライアントパークは、現代のニューヨークを凝縮した特別な存在である。また、従来の公園や遊歩道の概念を大きく変えたハイラインは、工業都市時代の遺産を受け継いだポスト工業都市時代ならではのインフラである。この二つのフラッグシップ空間の優れた環境デザイン、プロセス、マネジメントを論じる。さらに、これらの事例を中心に、公園という公共空間が都市の再生や近隣の活性化に果たす役割を確認する。

3章：世界中のポスト工業都市では、ウォーターフロントの産業空間の土地利用転換が大きなテーマとなった。ニューヨークでは、特にマンハッタンとブルックリン、クイーンズとの間を流れるイーストリバー沿岸のゾーニングを変更し、住宅地区への転換を図り、水辺の魅力を存分に活かした公共空間が次々に生み出された。複数の埠頭からなる構造を活かしたブルックリンブリッジパーク、その北方の倉庫街を再生したダンボ（DUMBO）地区、オリンピック招致計画で選手村建設候補地とされていたハンターズポイント、ロウアーマンハッタンに連続する歩行者空間を生み出したイーストリバー・ウォーターフロント・エスプラナードといったプロジェクトを紹介する。

4章：ニューヨークのパブリックスペース・ムーブメントの大きな特徴は、交通分野と深く結びつき、道路空間の広場化を実現させたことである。それにより、自動車への依存度を減らし、街路に公共交通や公共広場が導入された。その象徴はタイムズスクエアでのブロードウェイの広場化であるが、それを全市的に展開させたのがNYCプラザプログラムであった。そうしたジャネット・サディク＝カーン元交通局長が牽引した交通局主導による道路空間の広場化の全貌を解き明かす。

5章：ニューヨーク市は、1961年に導入したプラザボーナス制度以降、旺盛な民間開発需要を活かしつつ、規制緩和の対価としてさまざまな公共空間の創出に取り組んできた。世界経済の中心地としてどのような都市計画制度が作動していたのかを紹介する。

6章：「図」となる公共空間の再編は都市のイメージに大きな変革をもたらすが、都市生活の質を実際に向上させるには「地」に対する施策が重要になる。そこで、ニューヨーク市では、街路デザインに対するマニュアルや、公共施設の設計者選定の新しいしくみやコンセプトに関するガイドラインを策定してきた。時に役所内の複数部署を横断するこれらの試みについて紹介する。

7章：パブリックスペース・ムーブメントは、組織変革を遂げた市各部局のほかにも、さまざまな主体が参画し、推進してきた。特にエリアマネジメント組織としてのBID、行政と市民をつなぐ非営利専門家組織、さらにはアドボカシーのあり方を変えたウェブメディアなどである。これらの組織で活躍する人材の育成システムも含めて、運動を支える人材と組織について詳述する。

8章：パブリックスペース・ムーブメントを公・民双方のセクターから牽引した2人の実践家、クレア・ワイズ氏（DTPS創設者）とアンディ・ウィリー＝シュワルツ氏（元ニューヨーク市交通局局長補佐（公共空間担当））に、運動内部からの省察とともに、現在、そして今後の展望を語ってもらう。

そして、最後に、こうしたニューヨークのパブリックスペース・ムーブメントから日本の都市が何を学べるのかを整理し、本書を結びたい。

パブリックスペース・ムーブメントが示すこれからの都市のあり方

ブルームバーグ市政に関しては、批判的な評価もある。実際、その市政の間に市内の住宅価格は大きく上昇し、富裕層向けの高級マンションが建設される傍らで、慣れ親しんだ地域から出ていかざるをえなかった人々、商売の継続をあきらめることになった人々が現れ、ホームレスも増加した。その後、後任のビル・デブラシオ前市長は、ブルームバーグ市政が生み出した「分断」を「二つの都市の物語」と表現し、その解消に努めた。パブリックスペース・ムーブメントにおいても、眼前の都市空間だけでなく、そこにいない人々や届かなかった地域のことも考えなければならない。公共空間の「公共」とはいったい誰のことなのか、が問われている。

存亡の危機を脱し、ポストコロナを歩んでいるニューヨークは、今から20年以上前の2001年、同時多発テロに見舞われた時も存亡の危機にあった。その後、2008年のリーマンショックの震源地はウォール街だった。さらに、2012年10月に発生したハリケーン・サンディは同市に多大な被害をもたらした。21世紀に入り、グローバルな都市の危機、あるいは自然災害を立て続けに経験してきたのがニューヨークであった。しかし、こうした都市の危機への対応で手一杯になってしまう可能性があった困難な時期を、積極的な都市政策によって都市の可能性を広げ、魅力を増進させることで乗り越えてきたのもまた、ニューヨークであった。その歩みの過程で、パブリックスペースの生み出し方、使い方、営み方の経験が蓄積されてきたのである。

コロナ感染症で亡くなった方々に思いを馳せると、危機を都市づくりの奇貨にとは安易には言えない。しかし、ニューヨークにおいて、危機を乗り越え、都市の日常を豊かにしていった経験が、2020年以降のさらに大きな危機に際しても活かされているという事実にしっかりと目を向けたい。パブリックスペース・ムーブメントとは、都市の可能性や魅力を最大限に引き出す取り組みであると同時に、都市のレジリエンスやサステイナビリティと深く関係する取り組みである。私たち自身も2020年からの「新しい日常」を経験するなかで、公共空間の意義をより深く、豊かに感じる光景に何度も出会った。その光景を常に心に留め置きながら、パブリックスペース・ムーブメントとその先にある都市のこれからを考えていくことにしよう。

中島直人

ニューヨーク中心部

Manhattan Valley
East Harlem
Upper West Side
セントラルパーク
72nd St.
Broadway
Upper East Side
59th St.
8th Ave.
7th Ave.
6th Ave.
5th Ave.
Park Ave.
3rd Ave.
Midtown West
タイムズスクエア（p.122）
ロックフェラーセンター
Midtown
34th St.
ハドソンヤード（p.168）
ミッドタウンイースト（p.180）
30th St.
グランドセントラル駅
ペンシルベニア駅
ブライアントパーク（p.038）
ハドソンリバーパーク（p.103）
エンパイアステートビル
23rd St.
Chelsea
ハイライン（p.060）
マディソンスクエアパーク
ハンターズポイントサウス（p.094）
リトルアイランド
14th St.
フラットアイアンビル
ハドソンリバー
ユニオンスクエア（p.062、229）
Greenwich Village
East Village
ワシントンスクエアパーク
アスタープレイス・クーパースクエア（p.212）
Soho
イーストリバー
Tribeca
Chinatown
ドミノパーク
バッテリーパークシティ
Lower East Side
ワールドトレードセンター
ロウアーマンハッタン（p.110、190）
イーストリバー・ウォーターフロント・エスプラナード（p.099）
Financial District
マンハッタン橋
ウォール街
ブルックリン橋
ダンボ地区（p.088）
ブルックリンブリッジパーク（p.076）
プラット・インスティテュート（p.242）
Downtown Brooklyn
N
フォートグリーンパーク（p.070）
0
1
2km
ガバナーズ島
ブルックリン・カルチュラルディストリクト（p.218）
©Google

ニューヨーク全域
ブロンクス
マンハッタン
クイーンズ
ブルックリン
スタテンアイランド
N
★ NYC プラザプログラム（2020 年 5 月時点、p.138）
＋ ウィークエンドウォーク（2019 年実績、p.154）
0
5
15km

作成：関谷進吾

公共空間関連組織	公共空間整備事例
■セントラルパーク・コンサーバンシー	
■ユニオンスクエア・パートナーシップ（市内初BID）	
■グランドセントラル・パートナーシップ（BID）	■ユニオンスクエア南プラザ
■ブライアントパーク・マネジメント・コーポレーション（BID）	
■タイムズスクエア・アライアンス（BID）　■ハドソンリバーパーク・コンサーバンシー	■ブライアントパーク
■デザイントラスト・フォー・パブリックスペース	
■フレンズ・オブ・ハイライン	■ハドソンリバーパーク
■ロウアーマンハッタン開発公社	
■ブルックリンブリッジパーク・コンサーバンシー	
■ハドソンヤード・インフラストラクチャー・コーポレーション	■ガバナーズ島　■街路ルネサンス運動
■ダンボBID　■ダウンタウンブルックリン・パートナーシップ	
	■ユニオンスクエア北プラザ
	■ハイライン
	■タイムズスクエア　■ブルックリンブリッジパーク
	■イーストリバー・ウォーターフロント・エスプラナード　■9/11メモリアルパーク
■センター・フォー・アクティブデザイン	■ハンターズポイントサウス
■プラット・インスティテュート・アーバンプレイスメイキング・マネジメント修士課程	■ハドソンヤード
	■リトルアイランド

作成：関谷進吾

年	背景	市長	ニューヨーク市の政策
1980	財政破綻	コッチ	
1981			
1982			BID法 パーセント・フォー・アート法（公園局）
1983			
1984			コミュニティガーデン保全プログラム
1985			
1986			
1987	株価暴落		
1988			
1989			市憲章第 197-a条改定
1990		ディンキンス	
1991			
1992			包括的ウォーターフロント計画
1993			
1994		ジュリアーニ	
1995			NYリストレーション・プロジェクト
1996			
1997			
1998			
1999			
2000			
2001	同時多発テロ		
2002		ブルームバーグ	ロウアーマンハッタンの活性化ビジョン（市長）
2003			
2004			デザイン・建設エクセレンスプログラム（デザイン・建設局） マンハッタン・ウォーターフロント・グリーンウェイ・マスタープラン
2005	ハリケーン・カトリーナ		
2006			
2007			PlaNYC
2008	リーマンショック		NYCプラザプログラム（交通局） サステナブル・ストリート／サマーストリート（交通局）
2009			ストリートデザインマニュアル（交通局）
2010			アクティブデザインガイドライン（デザイン・建設局）
2011	ウォール街占拠運動		ビジョン2020 ウィークエンドウォーク（交通局）
2012	ハリケーン・サンディ		オープンデータ法 リビルド・バイ・デザイン（住宅都市開発省）
2013			
2014		デブラシオ	
2015			OneNYC
2016			境界なき公園事業（公園局）
2017			クリエイトNYC（文化局）
2018			
2019			
2020	コロナ禍		オープンストリート／オープンレストラン／オープンストアフロント（交通局）
2021	ブラック・ライブズ・マター運動		オープンカルチャー（文化局）

地域開発公社

ハドソンリバーパーク・トラスト
ハドソンヤード・インフラストラクチャー・コーポレーション
ブルックリン音楽アカデミー地域開発公社
ブライアントパーク・コーポレーション
ブルックリンブリッジパーク・コーポレーション
ダウンタウンブルックリン・パートナーシップ
プラットセンター・フォー・コミュニティ・インプルーブメント　ほか

BID　76団体
（2021年10月時点）

タイムズスクエア・アライアンス
アライアンス・フォー・ダウンタウンニューヨーク
ダンボBID
ブライアントパーク・マネジメント・コーポレーション
グランドセントラル・パートナーシップ
ユニオンスクエア・パートナーシップ　ほか

非営利保全団体

セントラルパーク・コンサーバンシー
ブルックリンブリッジパーク・コンサーバシー
フォートグリーンパーク・コンサーバンシー
NYリストレーション・プロジェクト
フレンズ・オブ・ハイライン　ほか

計画・建設・運営・保全

作成：関谷進吾

行政・公的団体

審査・協議・助言・啓発

行政委員会	公共デザイン委員会 都市計画委員会 歴史建造物保存委員会ほか
コミュニティボード	59区域 （2022年時点）
非営利 啓発団体	デザイントラスト・フォー・パブリックスペース プロジェクト・フォー・パブリックスペース リージョナルプラン・アソシエイション ニューヨーク自治体芸術協会 ヴァン・アレン・インスティテュート センター・フォー・アーバンペダゴジー センター・フォー・アクティブデザイン ブルームバーグ・アソシエイツ フレンズ・オブ・POPS　ほか

近隣街区・専門家団体

3章　ウォーターフロントのコンバージョン

8章 パブリックスペース・ムーブメントの先駆者に聞く……251

1章 都市改革とパブリックスペース・ムーブメントの展開

下世話で無目的で無秩序なように見えても、歩道でのふれあいは、積み上げることで都市の社会的生活の富を生み出す小銭のようなものである。

ジェイン・ジェイコブズ『アメリカ大都市の死と生』1960

人々に使われない空間よりも人々によく使われる空間、つまり都市生活にもたらす途方もない違いを生み出すことは、とても容易で、単純なことである。

ウィリアム・H・ホワイト『都市の小さな空間における社会生活』1980

2人の先駆者とそのレガシー

いち早く都市の街路や広場の持つ役割に着目し、1971年に『建物のあいだのアクティビティ』を著した都市計画家のヤン・ゲールは、同僚のビアギッテ・スヴァアとの共著『パブリックライフ学入門』(2013年)において、「パブリックライフ」に着目した先駆者たちの系譜を丁寧に説明している。その中で、ニューヨークと強く結びついた2人の人物に頁を割いている。ジェイン・ジェイコブズ(1916~2006年)とウィリアム・H・ホワイト(1917~1999年)である。

マンハッタンのグリニッジヴィレッジで暮らしていたジェイコブズは、著書『アメリカ大都市の死と生』(1961年)において、目の前にある都市、そこでの人々の活動の中にこそ、都市の多様性を生み出し、活力を取り戻すための原理が存在していると主張し、教義的な都市計画や都市再開発を批判した。なかでも特に、治安・ふれあい・子供の遊び場という観点から、都市の街路の重要性を論じている。1950年代後半、建築系雑誌の一記者に過ぎなかったジェイコブズに、『アメリカ大都市の死と生』に結実するテーマでの執筆を依頼したのが、当時フォーチュン誌の編集次長だったホワイトであった。ホワイト自身も、民間社会学者ともいうべき鋭い分析力で、郊外化の課題、都心再生の必要性について論陣を張っていた。特に、主著『都市の小さな空間における社会生活』(1980年)にまとめることになる、1971年に開始した市内の広場空間の使われ方に関する徹底した観察調査(ストリートライフ・プロジェクト)は、その後の都市計画制度に実際的な影響を与えただけでなく、パブリックスペース・ムーブメントの担い手たちを育てることにもなった。ヤン・ゲールに限らず、ニューヨークの公共空間に関わる都市プランナーや建築家、まちづくりのさまざまなプレイヤーの口から、この2人の名前を聞くことが頻繁にある。ニューヨークに見られる公共空間に対する基本的な姿勢、つまりパブリックライフ＝人々のアクティビティを重視する姿勢は、その観察に徹底的にこだわり、実践した2人の先駆者のレガシーである。

しかし、ニューヨークの公共空間を巡る歴史的展開は、一筋縄ではいかなかった。ジェイコブズやホワイトが声を上げ、都市づくりの方向転換を迫った1960年代から70年代にかけて、ジョン・リンゼイ市長のもと、市役所に所属する都市デザイナーたちがアーバンデザイングループとして活躍し、「建築をデザインすることなく都市をデザインする」試みを展開した。1961年のゾーニングの改正で生まれたビルの足元に広場を設けることで容積を緩和するインセンティブゾーニングの一種である「プラザボーナス制度」を発展的に活用し、民間開発の中で公共空間・施設を生み出したり、歴史的建造物を保存するなどの取り組みである。しかし、一方で、産業構造の転換、富裕層や企業の他都市への脱出が続いたことで、市の財政が逼迫し、1975年には財政破綻の危機を迎えることになる。その結果、1970年代半ば以降しばらくの間、市内ではインフラの整備や更新に遅れが生じ、アーバンデザイングループも解散となった。結果として、世界が注目する公共空間がニューヨークで生まれることはなくなった。こうした都市デザインのある意味での停滞期を経て生まれてきたのが、本書で扱うパブリックスペース・ムーブメントということになる。

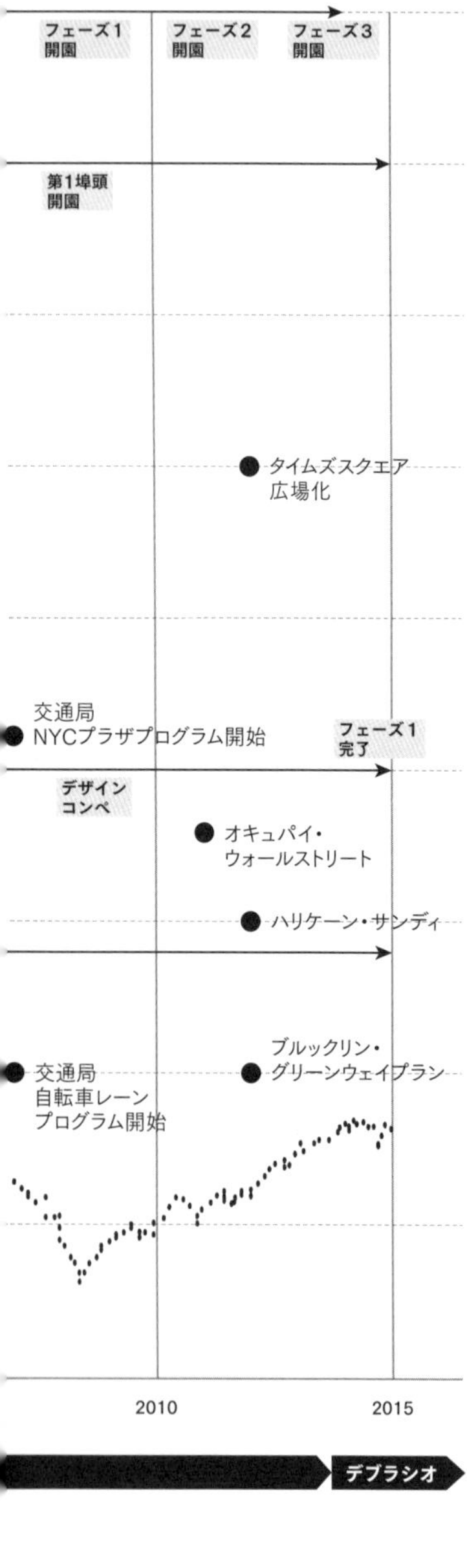

1980〜90年代の公共空間創成のマイルストーン

1995年に設立され、ニューヨークの公共空間の再編を支援してきたNPOデザイントラスト・フォー・パブリックスペースでは、創設20周年を迎える2015年に、創始者のアンドレア・ウッドナーとクレア・ワイズ［8章1節］が中心となり、「公共空間のルネサンス」を省察することを目的として魅力的な公共空間の創出に関わったキーパーソン18名へのインタビューを実施し、その成果を報告書「都市を共有する：ニューヨークのパブリックスペース・ムーブメント1990-2015」にまとめた。この報告書では、1980年代半ば以降の公共空間創成のマイルストーン（重要なプロジェクト、出来事）が時系列で整理されている［図1］。

フェーズ1 開園
フェーズ2 開園
フェーズ3 開園
第1埠頭 開園
タイムズスクエア 広場化
交通局 NYCプラザプログラム開始
フェーズ1 完了
デザイン コンペ
オキュパイ・ウォールストリート
ハリケーン・サンディ
ブルックリン・グリーンウェイプラン
交通局 自転車レーン プログラム開始
2010
2015
デブラシオ

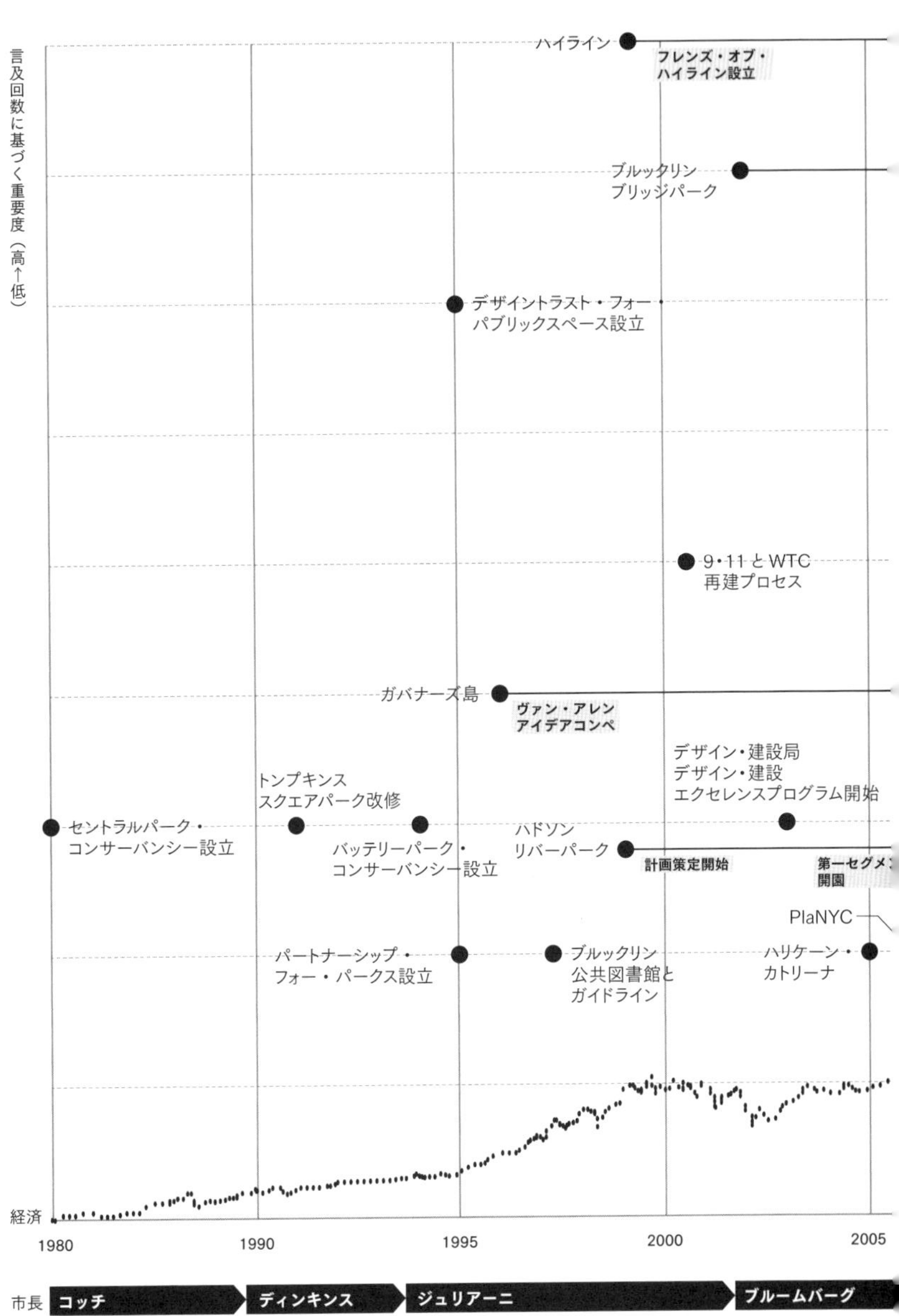

図1｜1980年代以降のニューヨークにおける公共空間創成のマイルストーン

（出典：Andrea Woodner, Claire Weisz, Sharing The Cities: Learning from the New York City Public Space Movement 1990 -2015, SharingTheCity.net, 2017をもとに筆者作成）

インタビュー中の言及頻度に基づいて重要度が示されており、重要度の高いプロジェクトが2002年に始まるブルームバーグ市政に集中していることがわかる一方で、多くのプロジェクトはブルームバーグ市政以前にその源流があり、それらの蓄積の上にパブリックスペース・ムーブメントが展開したことも見てとれよう。ここでは、図1に基づき、ブルームバーグ市政以前と以後に分けて、まずはブルームバーグ市政以前のマイルストーンを見ていくことにしよう。

1 ― 公民のパートナーシップによる公園の管理・運営

最初のマイルストーンは、1980年のセントラルパーク・コンサーバンシーの設立である。セントラルパークは、大規模イベントやレクリエーションとは異なる用途の要請にしばしばさらされ、都市生活に田園的な環境を提供するという本来の目的が脅かされてきた。特に1960〜70年代にかけてのセントラルパークは、市の財政危機によって運営管理が不十分となり、荒廃が進んだ。そうした状況に対して、市民の有志が公園の再生のために市と連携してNPOセントラルパーク・コンサーバンシーを立ち上げ、民間から多額の寄付を集め、公園の管理や施設の改善に努めた。

なおコンサーバンシーとは、市から独立した資金源を有しつつ、市と合意したアクションプランに基づいて公園の改善活動を行うNPOを指す。図1では、1994年設立のバッテリーパーク・コンサーバンシーがマイルストーンとして記載されている。ニューヨーク市内では、同様のコンサーバンシーが1980〜90年代に次々と設立され、公園の運営・管理体制の変革を担った。

しかし、コンサーバンシーが成立するのはかなり大規模な公園で、その数は限られる。それ以外の市内の2千を超える公園に関しては、1995年にシティパーク財団と市公園局が連携して設立したNPOパートナーシップ・フォー・パークスが、各公園の近隣コミュニティがボランティアとして運営管理に関わることを支援しており、図1にもマイルストーンに位置づけられている。

2｜不法行為の温床となっていた都市公園の改修

マンハッタンのイーストヴィレッジにあるトンプキンススクエアパークは、1980年代には多数のホームレスが暮らし、麻薬売買が行われるなど治安の悪い場所であった。1988年には市当局によるホームレス排除を巡って暴動が起き、以降もたびたび衝突が生じた。1991年に一度閉鎖されたが翌年に改修され、再オープンした。この一連の出来事も、図1ではマイルストーンに挙げられている。

また、図1には記載されていないが、マンハッタンのミッドタウンにあるブライアントパーク［2章2節］も同じく、改修を含む一連の取り組みにより再生された。ここでは、ロックフェラー財団の支援を受けて1980年に設立されたブライアントパーク・リストレーション・コーポレーションの手で状況が改善された点が特筆される。なお、この改善に先立ち、ウィリアム・H・ホワイトの指導のもと1975年に設立されていたNPOプロジェクト・フォー・パブリックスペースが公園内での活動の実態調査とそれに基づく提案を行っている。この提案に基づく改修プランが認可されたのは1988年のことであった。通りからの視認性を高める新たな入口、レストランやパビリオン、キオスクの設置などの大胆な改修が実施され、1992年に再オープンしている。

3｜NPOによる公共空間を活用するコンペとデザインガイドライン策定

ヴァン・アレン・インスティテュートは1894年にボザール建築家協会として設立されたNPOである。このヴァン・アレン・インスティテュートが1996年に主催した「公共資産(Public Property)：ガバナーズ島のアイデアコンペ」が、図1でマイルストーンに位置づけられている。旧軍用地であったガバナーズ島の将来構想に関して、14カ国から200以上の提案が集まり、展示会も開催された。このコンペでは、公共資産はどうあるべきかについて、多くの人々を議論に巻き込んだ。同インスティテュートはその後、1999年にはタイムズスクエアのチケットブースの設計コンペを主催するなど、公共性のあり方を問い続ける活動を展開している。

一方、先述のデザイントラスト・フォー・パブリックスペースが1995年の設立直後に手がけたブルックリン公共図書館の改装プロジェクトもマイルストーンとして取り上げられている。このプロジェクトでは、ブルックリンにある全図書館を対象として、公共空間としての図書館のあるべき姿を示すガイドラインを策定したのである。この経験は、ブルームバーグ市政におけるデザイン・建設局による公共施設のデザインの質の向上に向けたデザイン・建設エクセレンスプログラム［6章3節］の取り組みにつながっていくことになる。

ブルームバーグ市政による都市改革とパブリックスペース・ムーブメント

1970年代の市政の財政悪化に端を発する公共空間の荒廃から抜け出し、80年代後半から90年代にかけて次第に形を成しつつあったパブリックスペース・ムーブメントは、2002年1月から2013年12月までのマイケル・ブルームバーグ市政のもとで大きく花開くことになった。その背景には、第一にブルームバーグという市長の存在そのものが大きかった。ブルームバーグは、経済・金融メディア大手のブルームバーグ社の創業者として多大な富を築いた実業家である。一方で、気候変動対策をはじめとして、環境問題や都市問題の分野での慈善活動や社会貢献に非常に積極的な人物としても知られている。ブルームバーグが率いる財団ブルームバーグ・フィランソロピーズでは、アート、環境、教育、政策革新、公衆衛生等の多様な分野で、173カ国941都市に年間16・6億ドル（約2250億円、2021年度実績）以上の投資を行っている。また、こうした投資とは別に、世界各地の市長およびそのチームに対して、「ブルームバーグ・アソシエイツ」という都市環境を改善するためのコンサルティングとメンターシップも提供している。この活動の基盤となっているのが、12年に及ぶニューヨーク市長としての経験と、その中で築きあげた有能な専門家チームである。

ブルームバーグが第108代ニューヨーク市長に当選したのは2001年、アメリカ同時多発テロの直後に実施された市長選である。前任のルドルフ・ジュリアーニは、市の警察力の強化に努め、治安の安定に大きな功績を残した。ブルームバーグは、ジュリアーニ市政の成果を引き継ぎつつ、まずは9・11の復興に向けた取り組みに集中することになった。そうして1期目を終え、

2005年に2期目に突入すると、「考えを前に進める時が来た。30年前は言うまでもなく、わずか5年前でも、こうした課題に向き合うことは不可能であった。9・11によって我々は次の10年ではなく、翌日のことを考えた。しかし、経済の回復は予想よりも早かった」と自身の考えを明らかにした上で、「より偉大で、よりグリーンなニューヨーク」を目指す長期計画「PlaNYC」の策定に着手し、都市改革に取り組み始めたのである。

文化人類学者のジュリアン・ブラッシュは、ブルームバーグの市政運営について分析した著書『ブルームバーグのニューヨーク：豪華な都市の階級とガバナンス』（2011年）において、ブルームバーグが市政運営をビジネスとして捉えたと指摘し、「市長にCEOとしての役割を与え、市政府を会社、企業や居住者をクライアントやカスタマー、そして都市自体を商品として見立てた」と記している。質の高い豊かな公共空間は、都市という商品に欠かせないものであった。そして、このような方針は、市政の人事、組織、評価全般に及んだ。特に能力主義とプロ意識を徹底した人事に関しては、有能な専門家を積極的に登用し、その能力を存分に発揮させる環境を与えた。民間企業やNPOなどから有能な人材が役所に集まり、結果としてそのような人材が革新的な都市政策を牽引することになった。

先述した報告書「都市を共有する」には、ブルームバーグ元市長による市政運営方針の革新について、「パラダイムシフトであり、市政の再編にとどまらず、マインドセットが変わった」と表現されている。また、少し違う見方として、「市政を変革したのではなく、市政を道具として最大限に活用した」とも指摘されている。特に公共空間については、公園環境の維持や改善を目的とした地域住民の運動に端を発して、市と連携して特定の公園管理を担うコンサーバンシーや、企業が立地地域のビジネス振興のために組織するＢＩＤ（Business Improvement District）が設立されたことで、公民連携（Public Private Partnership：ＰＰＰ）が大きく推進された点が重要であったと分析されている。さらに、こうした特定の公園や地域の運営管理ではなく、特定のテーマを持ったＮＰＯの活動が活発化したこと、ＮＰＯへの資金提供者も積極的にプロジェクトそのものに関与するようになったことも言及されている。

ニューヨークにおけるパブリックスペース・ムーブメントは、こうしたブルームバーグ市長のもとでの都市改革のフレームワークの中で大きく展開していったのである。

2000年以降の公共空間創成のマイルストーン

では、再び図1に戻り、ブルームバーグ市政期とそれ以降のマイルストーンを見ていきたい。

1｜三つの最重要プロジェクト：ハイライン、ブルックリンブリッジパーク、タイムズスクエア

図1で非常に重要度が高いとされているのが、ハイライン［2章3節］、ブルックリンブリッジパーク［3章2節］、タイムズスクエア［4章3節］の三つのリデザイン・プロジェクトである。

廃線となって放置されていた高架貨物線の公園化を思いついた2人の若者がＮＰＯフレンズ・オ

ブ・ハイラインを立ち上げたのは、1999年のことであった。彼らのアイデアが市当局を動かし、撤去から公園化に方針を転換したのがブルームバーグ市政3年目の2004年であった。その後、2009年の第1区間を皮切りに、2014年の第3区間まで順次開園していくことになるが、その過程でフレンズ・オブ・ハイラインがコンサーバンシーとして公園の運営・管理に取り組むようになった。

続くブルックリンブリッジパークは、1980年代初頭に港湾施設としての役割を終えていたイーストリバー沿岸の埠頭群の土地利用を転換することで生み出された。2002年に市として公式に公園建設の覚書に署名したのは、市長就任直後のブルームバーグ本人であった。ただし、港湾公社による当初の商業用途開発計画を覆し、公園化を目指したブルックリンハイツ協会による活動自体は、1980年代半ばに始まっていた。1988年には公園化計画を促進するためにブルックリンブリッジパーク・コリジョンが設立され、公園化決定後の2004年にはこの組織がブルックリンブリッジパーク・コンサーバンシーに改称され、公園の企画・運営に関与するようになった。

7番街とブロードウェイが交差するタイムズスクエアの広場化についても、その原点は1998年に提案された歩行者通路プロジェクトにまで遡る。その後、地域の不動産オーナーや事業者たちが結成したタイムズスクエアBIDを中心に、歩行者の安全確保の観点からさまざまな調査や実験がなされた。以降、先述のヴァン・アレン・インスティテュートによるチケットブースの設計コンペを経て、具体的な改善・改修が動き出し、ブロードウェイの全面広場化というアイデアが出てくるのは2006年のジャネット・サディク＝カーン交通局長就任後のことである。

つまり、ニューヨークのパブリックスペース・ムーブメントを代表するこれら三つのプロジェクトは、いずれもブルームバーグ市政以前にルーツを持っていたが、それらを実現化のレールに乗せ、最終的にテープカットする役割を担うことになったのがブルームバーグ市長であった。

2｜さまざまな部局による制度・プログラムの開発と「PlaNYC」

図1では、先の三つのプロジェクトほど重要度は高くないとされているが、市の公園局以外の部署による公共空間に関するいくつかの制度・プログラムがマイルストーンに位置づけられている。その一つが、デザイン・建設局が2004年に開始した「デザイン・建設エクセレンスプログラム」［6章3節］である。クオリティベースの公共施設の設計・建設業務の発注システムで、実績がなくてもフレッシュなアイデアを持っている小規模事務所が公共施設の設計に参画できるようにした点が画期的であった。また、図1に示されてはいないが、デザイン・建設局が保健衛生局や都市計画局、交通局と協働で2010年に作成した「アクティブデザインガイドライン」［6章4節］も公共施設・公共空間の質を向上させる指針して広く使われることになった。

また、公募型で各地の道路空間を広場化する「NYCプラザプログラム」［4章4節］、街路空間を自転車に再配分した「自転車レーンプログラム」という交通局による二つの取り組みも、自動車中心の街路を歩行者や自転車へと開いていく取り組みであり、パブリックスペース・ムーブメントを市内各所に広げていく上で重要な取り組みとなった。

そして、市のさまざまな部局によるこうした施策の基盤となったのが、2007年に25の部局を横断する形で策定された総合的な空間計画「PlaNYC」であった。この計画では、「すべてのニューヨーカーに徒歩10分以内に公園がある暮らしを提供する」という明確な目標が設定され、「既存施設を市民にとってより使いやすいものにする」「既存施設の使用時間を拡大する」「公共領域を再考する」の3点を軸に七つの具体的政策が提示された。特に「公共領域を再考する」に対応する「すべてのコミュニティに最低一つの公共広場を創出もしくは改良する」政策は、地域に根ざした広場の創出という点で画期的であった。

なお、図1に記載はないが、都市計画局によるゾーニングの全面的見直しによって、ウォーターフロントの土地利用が工業系から住居系に変わり、そこに新たな公共空間が生み出されたのも、ブルームバーグ市政期であった。また、インセンティブゾーニング制度の改訂により、都市開発事業の中で公共貢献として公共空間を生み出すしくみもアップデートされていった。

3 ― 都市を襲う試練の克服：9・11、ハリケーン、オキュパイ・ウォールストリート

その他にマイルストーンとして挙げられているのは、災害や非常事態に対応した取り組みである。ブルームバーグ市政期は順調に経済成長を遂げた一方で、実にさまざまな困難や非常事態に次々と遭遇した。ブルームバーグ市政直前に起きた同時多発テロに関しては、破壊されたワールドトレードセンターの再建プロセス、特に9／11メモリアルパークの建設は同市における公共空間の意味を深化させた。また2005年のハリケーン・カトリーナ、2012年のハリケーン・サン

ディによる被災経験は、特にウォーターフロントの公共空間のあり方について再検討を迫った。加えて、2008年のリーマンショックに端を発する経済不況と雇用悪化を背景に、2011年にウォール街近くのズコッティパークに若者たちが集い、政府や経済界に対して不満の声を上げたオキュパイ・ウォールストリート（ウォール街占拠運動）も、都市における公共空間の役割について改めて考えさせられる出来事であった。ニューヨークのパブリックスペース・ムーブメントは、こうした試練と向き合い、それらを乗り越えながら深化していったのである。

分断された都市で公平性を取り戻すための公共空間

以上、図1に示した公共空間創成のマイルストーンを手がかりとして、パブリックスペース・ムーブメントの展開を概観してきたが、このムーブメントが多様な主体（市部局やNPO、住民、市民組織）によって担われ、まさに都市を改革する運動であったことが見てとれるだろう。しかし、報告書「都市を共有する」に収められたインタビューでは、そうしたムーブメントについて、「ニューヨークの21世紀の公共空間の多くが国際的に高い評価を受けている一方、その大半は『マンハッタンのバブル』を体現しており、それらの成功の恩恵はまだ街全体にもたらされていない」とも指摘されている。そして、「階級、人種、そしてこの都市に存在するあらゆる違いを橋渡しするために、また五つの行政区すべてで公共領域を構築していくために、計画・設計・投資および支援に関する政府の戦略が必要だ」との課題認識も示されている。

ここで議論になっているのは「公平性」である。公共空間（「市民コモンズ」とも言い換えられている）は人々のつながりを促す場であり、階級や人種などによって分断された都市を再結合し、共有していくという、パブリックスペース・ムーブメントの目指すべき都市ビジョンが、公平性を巡る議論を通じて示されている。そうした都市ビジョンを端的に表現する言葉としてインタビューの中で発せられたのが、このパブリックスペース・ムーブメントの報告書のタイトルにもなっている「都市を共有する」というフレーズであった。

インタビューから受け取るべき議論の総括は、報告書の中で以下の3点にまとめられている。第一は「計画原則としての『共有』」である。共有や混合という考え方が普及し、都市での生活が豊かになってきている。その概念を公共空間の革新へと適用していくべきである。第二は「インフラストラクチャーの定義と計画」である。たとえば、技術革新とともに街路の目的は非車両系の交通やその他の公共用途に再設定されている。従来の道路や橋梁といったインフラの中に、公共空間を加えるべきなのである。そして、第三が「近隣を創造し、つなげる」である。公共空間は、経済・社会・政治的な違いを超えて多様な交流をもたらすプラットフォームである。公共空間での抗議活動は民主主義を守るために重要であり、都市空間や政府がそれを受け入れることが求められる。この総括に、都市を変革するパブリックスペース・ムーブメントの核心が表現されていると言えよう。

（中島直人）

2章

まちなかの公園・広場のリデザインと創出

誰もが素晴らしい場所に住む権利を持っている。もっと大切なことは、誰もがすでに住んでいる場所を素晴らしい場所にすることに貢献する権利を持っていることである。

フレッド・ケント『プレイスメイキング』2016

2-1

まちなかの居場所の創出と再生

負の空間からまちなかの居場所へ

ニューヨークには、広大なセントラルパークをはじめとして多くの魅力的な公園や広場がある。その中でも、負の空間からまちなかの居場所へと劇的に変貌を遂げた二つの公園が注目を集めている。

一つは、マンハッタンのミッドタウンにあるブライアントパーク［2節］である。5番街と6番街の間に位置し、特に天気の良い日中は大勢の人で賑わっている。かつては麻薬取引が行われるなど周辺を含めて治安が悪かったが、1988年からの大規模な改修を経て92年に再開園し、今では多くのイベントが行われ、近隣の就業者や市民からまちなかの居場所として愛されている。

もう一つは、マンハッタン島西側の南方を南北に走るハイライン［3節］である。1980年に廃線となった高架貨物鉄道の跡地を再生した線状公園で、2009年から14年にかけて南側から3期にわたって順次開園し、2019年には延伸した区間に広場が完成している。高架の遊歩道として、市民はもとより世界中から観光客が集まり、ニューヨークの新名所となっている。

いずれも、かつては市民から避けられていたような場所であったが、現在は人々に愛され、地域の価値を高めるほどの公共空間の再生事例となっている。

街と公園・広場をつなぐ

本章では、この二つの事例に加えて、公園と広場によって構成されているユニオンスクエア[4節]を取り上げる。ニューヨークで最大規模のファーマーズマーケットが週に4日開かれ、市民の日常生活に欠かせない場所となっている。

さらに、本章ではニューヨーク市公園局が実施する「境界なき公園事業」[5節]について解説した上で、当事業で選定された八つの公園のうちブルックリンにあるフォートグリーンパークを紹介する。

公園・広場の再生においては、街路や周辺地域と物理的・視覚的・心理的にどのようにつなげるかが重要なポイントとなる。平面的な検討はさることながら、ブライアントパークでの地盤面を下げた再生やハイラインの高架から見下ろす視点のように立面的にも十分に検討することが、周辺地域とつながり、利用者のアクセスのしやすさ・居心地のよさを創出する上でとても重要である。

（三友奈々）

2-2

ブライアントパーク
麻薬取引の場からアーバンオアシスへ

マンハッタンのアーバンオアシス

ブライアントパークは、グランドセントラル駅とタイムズスクエアのほぼ中間地点に広がる約4haの公園である。東側は目抜き通りの5番街に面しているものの、園内にあるニューヨーク公共図書館本館が遮る形になり、園内では5番街の喧騒はあまり気にならない［図1］。

マンハッタンの中心ミッドタウンの「アーバンオアシス」として、近隣の就業者や市民に加え、観光客が集まるニューヨークを代表するまちなかの居場所の一つである。近年では年間1200万人以上が訪れ、年間延べ1千を超えるイベントが開催されている。そのため、公園は常に賑わっているように思われるが、比較的静かに過ごすことができるエリアや時間帯もある。その両方が共存するため、その日の天気や気分によってさまざまな過ごし方が叶えられるところ、また季節によって公園の設えを替え、暑い夏も寒い冬も楽しむことができるところが、この公園の魅力である。

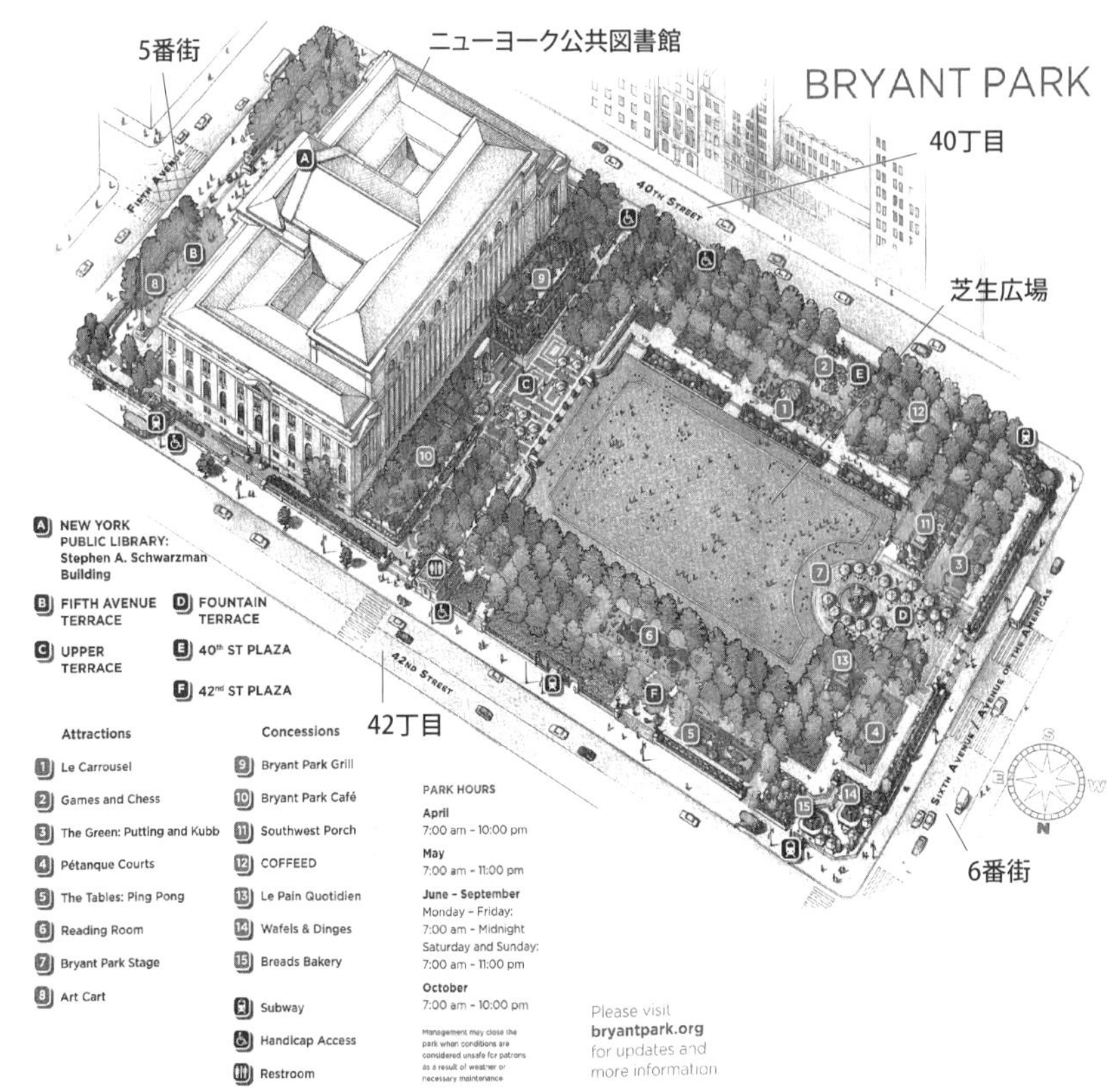

図1｜ブライアントパーク（出典：Bryant Park Corporation, Bryant Park 2015 Map and Guideに加筆）

図2｜再生前のブライアントパーク（出典：Project for Public Spaces）

ブライアントパークの誕生と再生

1842年、現在のニューヨーク公共図書館の位置にクロトン給水所が建設され、1846年、隣地に公園が整備されることが市議会で決定された。1853年にはニューヨーク万博の会場となり、クリスタルパレスが設置された。1870年には給水所の意味を持つ「レザヴォアスクエア」という名で開園した。

その後1884年、地元紙「ニューヨーク・イブニングポスト」の編集者で奴隷廃止運動家のウィリアム・C・ブライアントにちなんで「ブライアントパーク」と改称された。続く1911年、給水所の跡地に図書館が建設された。

1934年に公園を再整備した際、地下鉄の建設で出た残土で嵩上げしたことにより地盤面が周囲の街路より高くなり、加えて低木と錬鉄のフェンスで囲われたため、公園の外から園内が見通せなくなっていた

図3｜公園利用者やカフェ・樹木が出迎える6番街北側の出入口

図4｜芝生広場を中心とした園内外が見通せる視認性の高いデザイン

［図2］。そのためニューヨークの治安の悪化とともに公園も荒廃し、1970年代には麻薬の針を表す「ニードルパーク」と呼ばれていた。閉鎖的な空間では麻薬の密売・使用が横行し、公園の周辺も含めて市民に避けられていた。

そのようななか、ロックフェラー財団は、ブライアントパークの改善を条件としてニューヨーク公共図書館の改修に対する資金提供を検討した。荒れた公園は、都市社会学者のウィリアム・H・ホワイトとプロジェクト・フォー・パブリックスペース（Project for Public Spaces：PPS）の初代所長フレッド・ケントによって丹念に調査され、その報告書がロックフェラー財団に提出された。

1981年にPPSがまとめた報告書には「ブライアントパーク：脅迫するのか、楽しむのか」というタイトルがつけられており、プレイスメイキング（Placemaking）という概念の下に調査結果と具体的な提案が示されている。プレイスメイキングとは、それぞれの人が居心地よく過ごせるように自身の居場所をつくる概念で、広義にはその方法も含んでいる。PPSが示したデザイン指針は、ロバート・ハンナとルーリー・オーリンの設計案に取り入れられた。1979年から公園の再生事業が始まり、特に1988〜92年に公園を閉鎖して大規模な工事が行われた。

プレイスメイキングを具体化する三つの目標

PPSによる具体的な改善案には、ニードルパークからまちなかの居場所へと再生するためのプレイスメイキングにとって重要な三つの目標が掲げられている。

一つ目の目標として、公園利用者だけでなく、隣接する街路を行き交う人たちにも視覚的に影響を与え、さらに公園の雰囲気が園外に滲み出るように園外の動線を整えることを挙げている。園内の様子を園外からうかがえない状況は空間的にも心理的にも圧迫感が強く、人々を遠ざけ、まちなかの居場所になりづらい。当時は街路から園内に視線が届かず、麻薬取引だけでなく、それ以外の犯罪も多発していた。そのため、もともと嵩上げされていた公園の地盤面を街路の高さ近くにまで下げる大工事が行われた。現在では、園外から園内の楽しそうな様子を見て足を踏み入れる観光客も多い。グランドセントラル駅やタイムズスクエアから歩いてアクセスすると、遠くからでもビルの合間に木々の緑が目に入り、公園の良い雰囲気が街路にまで滲み出ている。

二つ目の目標は、入口の入りやすさである。園外からのアクセス動線に通じることでもあるが、入口は安全にアクセスできることに加え、人々を引きつけるような適度な活気があることが望ましいとされている。閑散とした入口は好ましくない利用者を招くことになりかねないことから、ブライアントパークでは主要な入口にカフェが置かれ、スタッフや飲食を楽しむ人々に見守られている［図3］。入りやすさについては、街路から公園への入口だけでなく、園内の各エリア間の出入口についても配慮することが求められている。落ち着ける場をつくるために適度な「囲われ感」はあるものの、園内の各エリアはまるで透明な部屋のように相互に視認性が高い［図4］。常設のイベントエリアやステージは特段設けておらず、運営スタッフが可動の椅子を適宜設えることで多種多様なイベントに対応している。可変性を備えたエリアの運営・維持によって、イベントのような動的な滞留と日常的に静かに過ごす静的な滞留の共存が実現されている。

三つ目の目標は、園内の動線の選択肢を増やすことである。そこには、芝生広場などのエリアを横切る人を減らし、園内で落ち着いて滞在できるように座席数を増やすことも含まれている。

可動椅子の設置と芝生広場の運営

ホワイトらの調査結果を受けて、ロックフェラー財団は、ビーダーマン再開発ベンチャーズのダニエル・A・ビーダーマンとニューヨーク公共図書館長のアンドリュー・ヘイスケルを中心に1980年にブライアントパーク・リストレーション・コーポレーション（Bryant Park Restoration Corporation：BPRC）を設立した。また86年には、公園と隣接する不動産に対してBIDが定められ、ブライアントパーク・マネジメント・コーポレーション（Bryant Park Management Corporation：BPMC）が設立された。ビーダーマンは、現在も両組織に所属し、中心的な役割を担っている。

その後2006年に、BPRCはブライアントパーク・コーポレーション（Bryant Park Corporation：BPC）と改称された。BPCは、ニューヨーク市と協定を結び、運営を担っている。現在、公園の維持運営費に市の税金は投入されておらず、BIDによる収入、寄付、飲食店舗の借地料、イベントの公園利用料等で運営されている。

まちなかの居場所において多様な人の居心地のよさを担保するものは、多様な座る場所が各所に用意されていることである。ブライアントパークには、深緑色に塗られた木製の可動椅子が約4300脚も置かれており、利用者は自由に移動させて座ることができる［図5］。公園の中央には約4500㎡の長方形の芝生広場もある。イベント時や芝生の養生を行っていない時間帯には、そ

図5｜好きな位置に移動させた可動椅子で思い思いに過ごす利用者

こに直に寝転んだり座ったりでき、可動椅子を持ち込めるときもある。園路の所々にベンチもあり、落ち着いて過ごすことができるが、可動椅子と比較すると数は少なく、あまり目立たない。

ブライアントパークは、利用者や地域、天気や季節に合った可動椅子や芝生広場、カフェやイベントのマネジメントによって、都心で四季を楽しめるアーバンオアシスを実現している。

夏のイベントと日常的な利用の共存

近年、ブライアントパークでは年間延べ1千を超えるイベントが開催され、どれも基本的には無料で参加できる。子供向けから、大人向けや対象者を限定していないイベントも多い。特に夏は、連日多くのイベントが行われている。なかでも人気なのが、アメリカで最初に始まったといわれる屋外映画祭である[図6]。開催される月曜日には夕方から学生が集まり始め、日が落ちて映画が始まる頃には、仕事帰りの就業者も詰めかける。園内は1万人近くの観客で隙間がないほどに埋まる。

一口にイベントといっても、趣味やスポーツを楽しむ参加型の集まりも多数見られ、リピーターも多い。リピーターの中に観光客が混ざっている様子もうかがえる。特に興味深いものが、編み物のイベントである。2010年頃には参加者が少なかったが、近年ではかなりの人が集まって、炎天下でも静かに編み物をしている。

本来であれば、屋内で行うような集まりを公園で行うことは、開放感を得られるだけでなく、参加していない他者の関心を集め参加者を増やすことにつながる。ここでは、参加者の数が増えてもスペースの確保が容易である。悪天候の場合には、園外の屋内会場を使ったり、中止や延期することで対応している。たとえ近くでイベントを行っていたとしても、それに参加していない人たちも各々のペースで居心地よく過ごすことができる。映画祭を除いては園内がイベント一色になることはなく、日常的な利用は損なわれていない。

冬を楽しむ仕掛けとデザイン

クリスマスが近づくと、芝生広場はスケートリンクに変わり、街中がきらめくなか公園にもクリスマスツリーが飾られる。リンクに面したガラス張りの建物内にある可動椅子と、リンクを取り囲むように置かれた可動椅子が、観客席になる。さらにその周りには、200ほどの小さな仮設店舗が軒を連ねるホリデーマーケットが開催される[図7]。この仮設店舗は、かつてこの地に設置されたクリスタルパレスのデザインが踏襲されている。美しくディスプレイされた手づくりのアート作品やクリスマスにちなんだ小物からお気に入りを探そうと、次から次に店を移動しながら市民や観光客がそぞろ歩いている。仮設店舗は幅も高さも抑えられていて、園外の街路や園路を行き交う人々の視界を遮らないようにうまく配置されている。

屋外で過ごすのをためらう冬でも、この公園にはぶらぶらと楽しみながら歩く仕掛けと活動的に

図6｜毎週1万人の市民が集まる夏の屋外映画祭

図7｜200の仮設店舗が並ぶ冬のホリデーマーケット

スポーツをする仕掛けが備わっている。そして何より、公園に馴染む透明性の高いデザインの仮設店舗がそれらを十分に補完し、寒さを楽しみに変えている。

ブライアントパークの波及効果

かつてニードルパークと呼ばれたブライアントパークの再生によって、周辺地域の不動産価値も上昇し、空室率が減っただけでなく賃料も上がり、公園の素晴らしい環境を享受しようとバンク・オブ・アメリカといった大企業も移転している。近年では、人気のある健康志向のスーパーマーケット、ホールフーズ・マーケットが6番街を挟んで出店したことが話題になっている。その2階の座席からブライアントパークの平和な光景を見ると、園外からの視認性が高まったことが実感できる。たった一つの公園ではあるが、そのイメージが良くなると地域の価値も向上する好例だと言えるだろう。

ブライアントパークを象徴する可動椅子は、その後全米中に広まり、日本でも東京・丸の内仲通りのアーバンテラスやストリートパークをはじめとして、公共空間の広場化に寄与している。

現在プレイスメイキングを牽引しているPPSは、ホワイトとケントによるニードルパークの調査を契機として創設された。それから50年近くにわたり、PPSは世界中の公共空間に対してプレイスメイキングを施している。ブライアントパークの成功は、世界中の公共空間がまちなかの居場所になりうることを実証している。

（三友奈々）

2-3

ハイライン

鉄道廃線跡地から高架の線状公園へ

高架鉄道から高架公園へ

ハイラインは、高架上の鉄道廃線跡地を再生した全長約2・3㎞に及ぶ線状の公園である。マンハッタンのウエストサイドに位置し、14丁目から数えて3ブロック南のガンズヴォード・ストリートから34丁目まで延びる［図8］。地上約9mの高さからニューヨークの街とハドソンリバーを望むことができ、市民だけでなく、世界中から訪れる観光客の人気スポットの一つとなっている。ニューヨーク市の公園でありながら、その再生と運営には地域住民の行動力と企画力が詰まっている。

ハイラインのあるウエストサイドは工業地帯として栄え、工場や倉庫が集積していた。1847年、この地域に荷物を運び込む貨物鉄道の敷設が市から認可された。鉄道は実現したものの、貨物列車と自動車が同じ地上を通る10番街から12番街にかけては歩行者や馬車との接触事故が多発し、「デス・アベニュー」と呼ばれるほど危険な通りとなっていた。そこで、事故を減らす目的で、ウエストサイド整備計画の一環として貨物専用の高架鉄道が建設され、1934年にウエストサイドラインが開業した。その際、貨物列車が建物の地上3階に直接乗り入れられるように既存の建物が改修され、新たな建物も建設された。

しかし、時代とともに道路網が整備されてトラック輸送が増えたことから貨物列車の需要が減り、1980年に高架鉄道はその役割を終えた。廃線後、1980年代の終わり頃から、その跡地の一部である34丁目以南の高架が「ハイライン」と呼ばれるようになったと言われている。

1991年には、倉庫をアパートに建て替えるため、現在の南端であるガンズヴォード・ストリートより南側の高架が取り壊された。残った跡地の高架上には雑草が生い茂り、高架下はニューヨークの治安の悪化とともに犯罪の温床となっていった。地域を分断する高架橋は、近隣住民も近づかない場所になっていた。

フレンズ・オブ・ハイラインによる改修と運営

1999年、市がハイラインの撤去を検討していることを知った地域住民ジョシュア・デイヴィッドとロバート・ハモンドの2人によってフレンズ・オブ・ハイライン（Friends of the High Line：FHL）が設立された。

当時のジュリアーニ市長は、市長を退く直前の2001年にハイラインの解体を承認していた。しかし、2002年に就任したブルームバーグ市長はハイラインの再利用を掲げて当選し、04年に

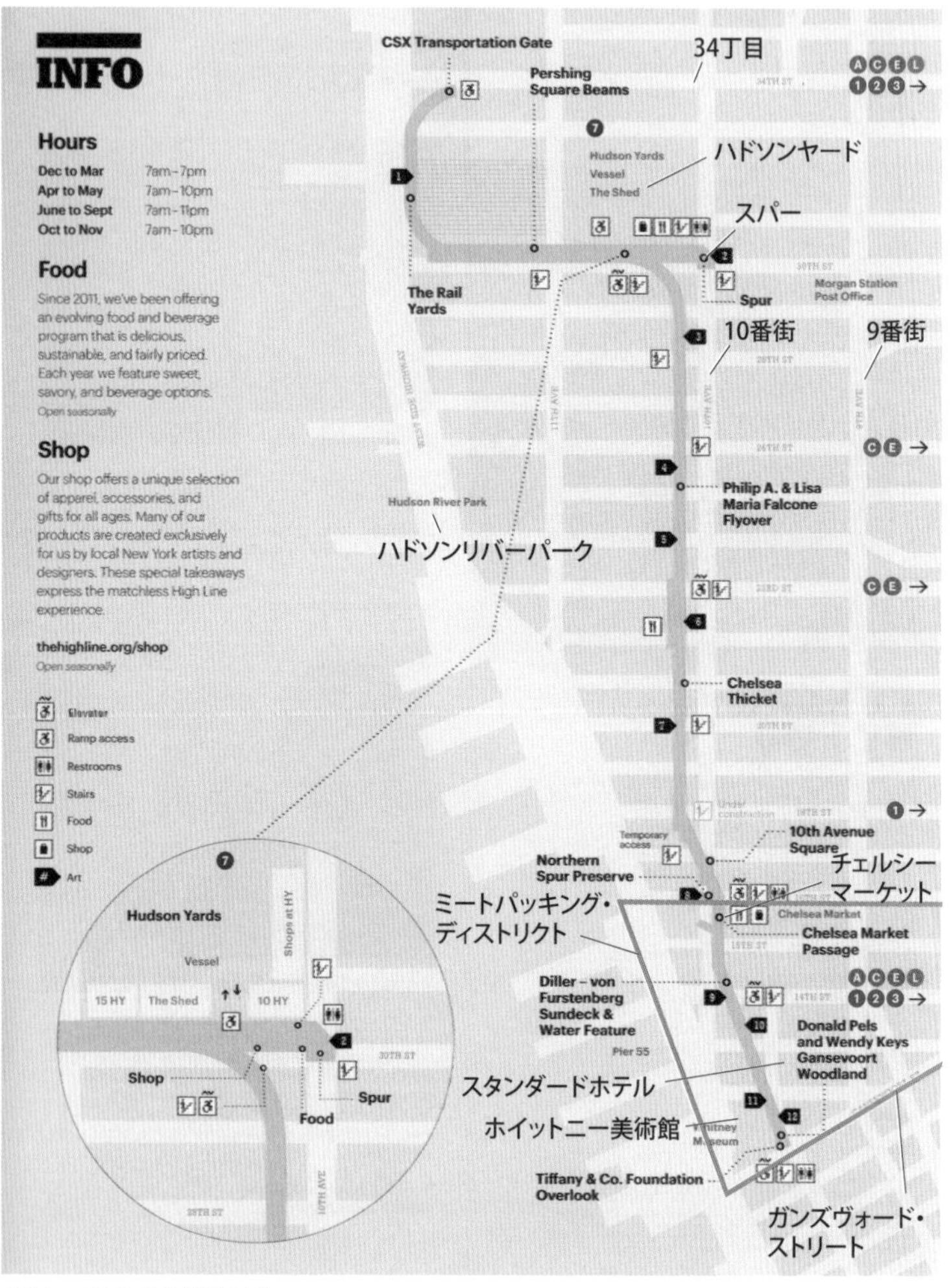

図8｜ハイラインの位置図（出典：Friends of the High Line, High Line Pocket Guide2019-2020に加筆）

は解体手続きを撤回するに至っている。ハイラインの風景は、FHLの依頼を受けた写真家ジョエル・スタンフェルドによって記録され、2002年に写真集『ウォーキング・ハイライン』として出版された。この写真を見た市民がハイラインに関心を持ち始め、保存活動の拡大につながった。

FHLは、2003年にアイデアコンペ、2004年に再生利用案の作成、実行可能性の調査、デザインコンペの開催等を行った。その最終選考には4チームが残り、ジェームス・コーナー・フィールド・オペレーションズとディラー・スコフィディオ＋レンフロの最優秀案をもとに実際の設計が行われた。その後2005年には、市によってウエスト・チェルシー特別区が定められ、未利用だった高架鉄道の上空における空中権を近隣の開発に移転することができるようになり、公園の実現に向けて大きく前進した。

ハイラインは公園ではあるが、道路のように区間ごとに工事が行われ、2009年から順次開通している。その全体像は第3期区間が開通した2014年に判明したものの、延伸区間が完成するまでにはFHL設立から約20年を費やしている。

2019年に開通した30丁目との交差部分の東側に突出して延びる区間が「スパー（The Spur）」である［図9］。ここに広大な広場が誕生した。スパーは、全体が細長いハイラインの中でまとまった面積を持つという点で、空間的に重要である。また、2008年には、再開発のために撤去されることになっていたために、FHLが中心となって「私たちのスパーを守ろう」というキャンペーンが展開された。そうした紆余曲折を経て実現したという点でも、象徴的な場所となっている。さらに2023年には、スパーの先に二つの橋でできたモイニハンコネクターが新たに誕生している。

ハイラインは、市から民間団体に管理を委託された市内で初めての公園でもある。現在も運営を担うFHLは、設立当初から現在に至るまで、保存・運営のための資金を集めるために、いかに多くの人々にハイラインの魅力を知ってもらうか、努力し続けている。FHLは多額の維持管理費や運営費を支出しているが、それらは多彩な有料ツアーによる収入のほか、メンバーからの会費、企業からの寄付で賄われている。園内には季節に応じてショップがオープンし、センスの良いオリジナルグッズも販売されている。それらのグッズやサインに使われているロゴは、シンプルだが一目でハイラインとわかるデザインで、FHLの活動に対して信頼を得る上でも一役買ったという。

地上9mからの眺めと体験価値を高めるデザイン

ハイラインの再生にあたっては、廃線をトレイルとして用途変換する「レールバンク制度」によって市が鉄道会社から所有権を獲得した経緯がある。そのため、ハイラインは単なるオープンスペースではなく、歩行者の交通路にも位置づけられている。実際、公園というよりも緑道や遊歩道としてデザインされており、使われ方の実態もそれに近い。

自動車を気にせずに地上9mの高さから眺める景色は格別である。街の合間をすり抜けるように歩き、時に手すりにもたれてチェルシーの街を眺めたり、街を背景に写真を撮ったりする観光客の姿が見られる［図10］。北端に近づくと景色が開け、スパーの周辺は再開発で生まれたハドソンヤード［5章3節］につながり、新たな文化や芸術の拠点として、劇場やギャラリー、デパートが次々とオープンし、訪れるたびに景色が変わる活気のあるエリアである。

一方、西側には雄大なハドソンリバーが現れ、対岸のニュージャージーを望むことができる［図11］。ハイラインを縦断することで、チェルシーの古き良き街並みからハドソンヤードの最先端の建物、そして雄大な河川まで、いかにもアメリカらしい光景を目にすることができる。

南端と北端以外にも、アクセスポイントと呼ばれる出入口が整備されており、階段やエレベーターで上がることができる。第1期区間が開通した当初は、人が少なく、どこからアクセスしたらよいのかわかりにくかったが、現在はその出入口に向かう大きな人の流れがあり迷うこともない。出入口の地図やサインのほか、手すりに公園の下を通過するストリート名が書かれているので、街のどのあたりを歩いているかがすぐにわかるようになっている。

周囲の景色もさることながら、歴史や植生を活かしたハイライン自体のデザインも美しい［図12］。ランドスケープアーキテクトによって選ばれた植物は、もともと自生していたものを含めて500種類以上とも言われている。遊歩道には線路跡も残され、当時をしのぶこともできる。鉄道跡地に馴染む植物が施されたハイラインとそこから見える景色の相乗効果は、他の公共空間では得がたい。

また、街路から見上げた姿も素晴らしい［図15］。構造物としての美しさが際立ち、高架鉄道であった当時に思いを馳せることができる。高架下の一部や街路を挟んだ建物の1階がレストランや

図9｜2019年に開通したスパー

図10｜観光客で賑わうハイライン

図11｜ハドソンリバーと車両基地の開放的な眺め

図12｜高架鉄道の線路跡や植生を活かしたデザイン

図13｜車道の上に張り出す階段状の10番街スクエア

カフェになっている区間もあり、飲食をしながら下からゆっくりと鑑賞することも可能である。

歩く楽しみを増幅させるデザインとアート

ハイラインで最も特徴的なデザインは、動線と滞留するスペースが明確に区分されている点であろう。基本的に歩きながら移り変わる景色を楽しむ公園ではあるが、途中で一休みしたり、落ち着いて景色を眺めるために座れる場も多様にデザインされている。

第1期区間にある10番街スクエアは、ゆっくり座りながらガラス越しに地上を見下ろせるよう階段状にデザインされた広場になっている[図13]。オープン当初から人気のスポットで、イエローキャブ（タクシー）が行き交うストリートを眼下に見ながらニューヨークにいることを実感できる。

ハイラインには、公園全体に座れる場所が多数用意されている[図14]。23丁目付近には階段状のベンチや細長い芝生広場などに寝そべってビルの谷間越しの細長い空を眺めたり、少し高い位置から八イラインを行き交う人々を観察したりと、人々は思い思いに歩き疲れた身体を休めている。さらに14丁目入口付近には西に向けられたサンデッキがあり、夕日を眺めることもでき、廃線のレールを活かして寝椅子が配されている。

また、子供向けの場所も整備されており、先の14丁目のサンデッキの前では、床面から水が飛び出す仕掛けにはしゃぐ子供たちの姿が見られる。北端付近では、ハイラインの部材をモチーフにした遊び場もあり、いずれもその場所に馴染んだデザインとなっている。一方、各所に個性的なアートも点在しており、細長い空間のアクセントしても彩りを添えている。先述のスパーの中心にある台座プリンス（The Plinth）にも大きなパブリックアートが置かれ、屋外美術館のように気軽にアートに触れる工夫が施されている［図9］。

さらに、歩いていると予期せぬイベントに遭遇することもある。ハイラインでは、FHLにより2019年には年間延べ400を超えるイベントが開催された。以前のイベントは少し手狭な様子も見られたが、スパーの誕生により広大な空間を活用したイベントの開催も可能となっている。

ハイラインの波及効果

2015年、アメリカ現代美術を扱うホイットニー美術館がアッパー・イーストサイドからハイラインの南側に移転した後は、レンゾ・ピアノ設計の建物を見上げる人たちで賑わいを見せている。美術館から北に進むと、ハイラインを跨ぐように建つスタンダードホテルがあり、この地域のランドマークとなっている［図15］。さらに北に行くと、1997年にナビスコの工場を改修して誕生したチェルシーマーケットが隣接している。もともと人気の商業施設であったが、ハイラインを訪れる人たちの増加とともにマーケットもさらに賑わっている。

季節によってハイラインにはカフェやショップがオープンするものの、その数と種類は来訪者数と

図14｜14丁目付近のサンデッキ（上）、23丁目付近の階段状のベンチ（下）

比較してまだ少ない。そのため、来訪者はかつて精肉工場や倉庫が建ち並んでいたミートパッキング・ディストリクトにできた飲食店を利用することになり、地域の活性化につながっている。1990年代終わり頃からチェルシーの街に登場したギャラリーは400余りにまで増え、近年さらに活気を帯びている。かつて街を分断し、暗い影を落としていた高架橋は、今では街のシンボルとなり、なくてはならない存在となっている。

図15｜ハイラインを跨いで建つスタンダードホテル

また、ハイラインから少し離れた公共空間にも影響を与えている。マンハッタン西岸のハドソンリバーパーク［3章6節］は、リーマンショックによりプロジェクトが中断していたが、ハイラインの成功を受けて実現に至ったと言われている。クイーンズでも、ハイラインを参考にクイーンズウェイ計画が検討されている。ロングアイランド鉄道の廃線跡を活用して、地域のシンボルにしようという構想であり、実現すれば全長約5.6kmの緑道が誕生することになる。このように、ハイラインの成功は周辺地区だけでなく、他地域のまちなかの居場所の創出や再生にも波及している。（三友奈々）

2-4

ユニオンスクエア

集会やマーケットで日常利用される公園広場

「パブリックプレイス」の誕生

マンハッタン南方の14丁目と17丁目の間、目抜き通りのブロードウェイとパーク街が交差する区域に広がる約1・5haの公共空間が、ユニオンスクエアである[図16]。1815年にはニューヨーク州法によって「パブリックプレイス（公共の場）」に指定され、その後1832年には、グラマシーパークを開発した資産家サミュエル・ラグラスによって「ユニオンスクエア」に改名された。1839年以降は、市公園局の保有資産となるが、敷地周縁の平坦な広場空間は、州法上、現在でもパブリックプレイスのままである（こうした道路や公園に指定されていないパブリックプレイスは、バッテリーパークシティやフッククリークにも見られる）。1904年以降、地下鉄が段階的に敷設され、現在では市内で四番目に利用者の多い交通拠点である。

ユニオンスクエアは、合衆国憲法修正第一条に定められている表現の自由を体現する、特に労働者の権利を表明する場としても知られ、1997年に国定歴史建造物に指定されている。さらに

2005年には地下鉄駅舎が国家歴史登録財に登録された。また、2001年の同時多発テロ事件後は、8本の地下鉄路線が乗り入れ、マンハッタン中心部に位置する立地特性から自然発生的にメモリアルが設置され、今もなお市民が寄り添う場として認知されている。

公園局とBIDの協働による北プラザの再整備

1872年、セントラルパークの設計者でもあるフレデリック・ロー・オルムステッドとカルヴァート・ヴォーは、鉄のフェンスで閉ざされた楕円状の公園を、集会がしやすい空間に再編するよう公園局から依頼され、フェンスを取り払い、より開かれた公園へ改修した。1928年、地下鉄敷設工事により公園は一度解体される。その後1977年に、公園の再設計をミッドタウンのペイリーパークを手がけたザイオン&ブリーン・アソシエイツに委託し、公園西部と北部の駐車場をすべて撤去、公園を取り巻く生垣・低木を破棄し、北部パビリオンの隣地をマーケットとして利用することが提案された。エド・コッチ市政期にあたる1985年には、16丁目以南部分の再編が推し進められ、公園局の設計者によって新たに南プラザが設置された。併せて、遊歩道も拡幅され、中央部分の芝の敷設、外灯および地下鉄のキオスク2カ所が設置されている。その後、ブルームバーグ市政期には、公園局とBID組織のユニオンスクエア・パートナーシップ［7章3節］の協働により、北プラザが改修された（2008年竣工）。当プラザの改修の特徴としては、次の3点が挙げ

図16｜ユニオンスクエアの南プラザ

図17｜ファーマーズマーケットが開かれる北プラザ

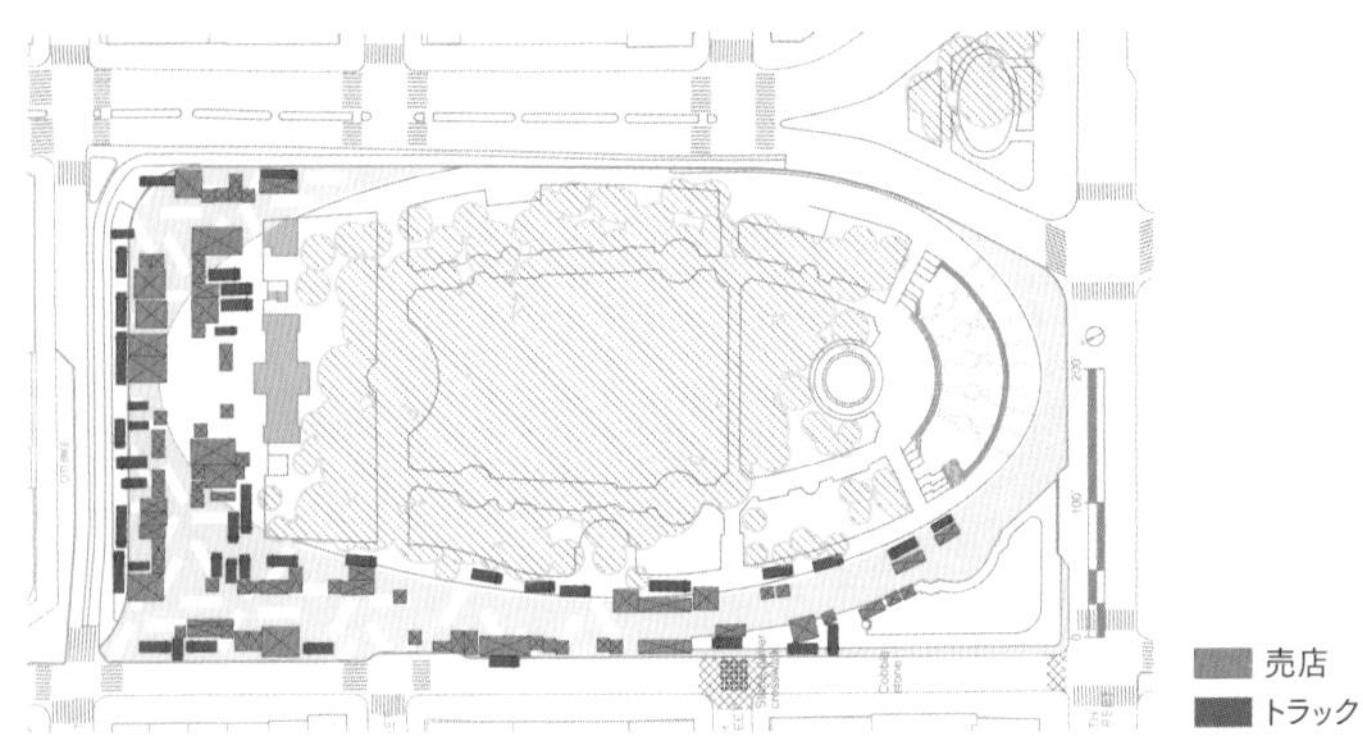

図18｜ファーマーズマーケットの売店とトラックの配置

られる。
①車道と同レベルだった地盤面全体を約15㎝嵩上げして歩道の高さに揃え（カーブレス化による段差解消）、マーケットの利便性を高めるために、水道と電気設備を整備した。
②住民の増加に応じて児童用施設の拡張が求められ、既設の二つの遊具を統合し、面積を3倍に広げることで、三つの発達段階に合わせた施設を整備した。
③歴史的資産であるパビリオンを改修し、期間限定のレストランやコミュニティ行事など、多用途に柔軟に対応できるようにした。さらに、公衆トイレ、地下には公園局の事務所が付設されている。

2021年には、公園と交通島の面積を3分の1拡大し周囲の街路と統合する構想計画が打ち出されており、3カ所に限定されていた14丁目の横断歩道を街区全体に広げ、歩行者および公共交通の優先化を後押しする指針が示されている。

都市部と農地をつなぐファーマーズマーケット

ユニオンスクエアで最も市民に愛されている取り組みが、BID設立以前の1977年から展開されている市内最大のファーマーズマーケットである［図17］。マーケットは、ニューヨーク市環境協議会のコンサルタントを務める都市プランナーのバリー・ベネップが中心となって始められた。

農家に生まれたベネップは、1950年代以降、家族経営の小規模農家の経営状況が悪化し、農地が減少傾向にあったことに加えて、食品流通構造の変革により市民が新鮮な野菜を享受しにくくなっていることを危惧していた。そこで、1976年に、59丁目・2番街で社会実験的にファーマーズマーケットを試行した。その評判を聞きつけた都市計画局がユニオンスクエアで実施するよう環境協議会に働きかけ、翌年に実現されたことが、その発端である。

当時、麻薬取引の巣窟と化し、治安悪化が懸念されていた当地区では、マーケットを介してアイズ・オン・ザ・ストリート効果（街路を見ている人目による治安改善）が生まれ、やがては都心再生の良策として注目を集めるようになった。1970年のアースデー（地球の日）より活動を展開している当環境協議会は、ファーマーズマーケットを運営する非営利組織グロウ・ニューヨークを設立し、2018年4月時点で市内の50カ所以上でマーケットを展開している。

ユニオンスクエアのマーケットは、毎週、月・水・金・土の4日間、公園の西側と北プラザで、朝8時から夕方18時まで開かれている。出店数は、時期により異なるが、月曜日が約30店舗、水曜日が約60店舗、金曜日が約50店舗、土曜日が約80店舗で、各店舗がトラックで乗りつけ商品を持ち込み、テントを張り、陳列・販売している［図18］。

ユニオンスクエアは、観光コースや商業地から少し離れたところに位置するが、集会やマーケットの拠点として市民の自然発生的な活動が日々散見され、地域性を体感することができる。

（関谷進吾）

2-5

境界なき公園事業

管轄主体が連携し、公園と街路をシームレスにつなぐ

公園と街路の境界をなくす

ウィリアム・H・ホワイトが「ある特定の場所をうまく活用させる鍵は、街路との関係性が握っている」と語り、フレデリック・ロー・オルムステッドが「公園を取り囲む歩道は、外周公園と捉えるべきだ」と述べるように、屋外空間の質は、公園や街路などの公共空間が相互に良質な関係性を構築しているかに左右される。

ニューヨークの公園と道路の面積を足し合わせると市域の4割にのぼる（公園14％、道路26％）。また、公園面積の4割は、市の管轄ではなく、連邦政府あるいは州などの保有資産である。しかし、公共空間を歩く市民は、その管轄主体が異なることに関心はない。それよりも、公共空間が管轄主体によって分断されることなく、相乗効果を発揮させているかどうかが重要である。

2016年、ビル・デブラシオ市政期に公園局の局長に登用された都市プランナーのミッチェル・シルバーは、「境界なき公園事業（Parks Without Borders）」の始動にあたり先の2人の格言を引用

図19｜境界なき公園事業のモデルとして参照したファーザーデモスクエア

し、管轄主体別の空間同士をシームレスに統合しようと考えた。同局は、グリニッジヴィレッジ南の約1千㎡の小さな三角形の公園と広場からなるファーザーデモスクエア［図19］を一つのモデルとしている。

事業推進の三つのアプローチ

デブラシオ市政は、ブルームバーグ市政の長期計画「PlaNYC」に示された「全市民の徒歩10分圏内に公園を整備する」指針を引き継ぐ形で長期計画「OneNYC」を2015年に策定し、徒歩10分圏内に公園が整備された市域の割合を2030年までに79・5%から85%にまで引き上げる目標を掲げた。境界なき公園事業に関しては、市内の屋外空間を、①すべての人々を歓迎し、よりアクセスしやすく改善し、②公園の美しさを近隣に広げることで近隣地区の改善に寄与し、③低・未利用地の活用によりコミュニティのための賑わい空間を創出する取り組みと記されている。この事業を実践するにあたっては、周辺コミュニティと物理的に接する公園の出入口と

行政区	公園名	主な対象施設	投票数
ブルックリン	プロスペクトパーク	公園東側沿道	965
	フォートグリーンパーク	公園北側沿道	194
マンハッタン	ジャッキーロビンソンパーク	公園南側および西側沿道	63
	スワードパーク	境界を開き、視認性を高め、周辺空間との接続性を改善	659
ブロンクス	ヴァンコートランドパーク	公園南西部の角地の出入口	286
	ヒュー・J・グラントサークル／バージニアパーク／児童公園	円形広場および周辺区画	43
クイーンズ	フラッシングメドウズコロナパーク	公園西側中央部の出入口	51
スタテン島	フェイバーパーク	公園南側沿道および出入口	9

表1｜境界なき公園事業で選定された公園

境界線を対象に、以下の三つのアプローチが掲げられている。

①フェンスやゲートの改修、パブリックアート・植栽等の配置により、入りやすい出入口にする。

②公園の境界線に設置されているフェンスと植栽壁を除去・削減し、外周からの視認性を高める。

③コミュニティ内に公園の快適さを広めるために、交通局その他の関係部局と調整しながら、交差点と出入口の植栽化、低利用地を活性化する仮設アートの設置やイベント等の暫定利用を実施し、隣接する歩道や広場に公園の施設環境を拡張していく。

市民やコミュニティ団体による公園選出と方針決定

この事業は、市の予算5千万ドル（約55億円）を原資としている。事業を実施する公園の選定については、2015年冬季から2016年初頭にかけて、市内692カ所の公園を対象に、約6100の市民やコミュニティ団体からオンラインで投票を受けつけた。それにより、以下の3点の判断基準に基づいて8カ所の公園が選出された［表1］。

①新たな出入口の導入等により、歩きやすさとアクセス（ウォークスコア）がどの程度改善されるか。
②提案の実現可能性はどの程度あるか。
③投票数をもとに各行政区から最低1カ所選出。

また計画の段階では、各公園の改善方法について各コミュニティの意向を組み込み、方針を決定している。

フォートグリーンパーク北部沿道の改修

選定された八つの公園の一つ、フォートグリーンパークは、国家歴史登録財に指定されたフォートグリーン歴史地区にあるブルックリン最古の公園である。北にネイビーヤード、西にダウンタウン・ブルックリンが隣接する地区の中核に位置し、面積は東京の芝公園と同等の12・2haである。1847年の開園から20年後、セントラルパークを手がけたオルムステッドとヴォーによって再設計された。

周辺地区の人口動態を見ると、1980年から2014年にかけて、アフリカ系アメリカ人の割合が73%から41%に減少している。北西部には低所得者向けの市営住宅が立地しているが、国勢統計区別に公園周辺を分割すると、平均所得に10倍の格差が見られた。このように多様な人種・所得者が共存する地区であるにもかかわらず、北西部の利用者の5割がアフリカ系アメリカ人であるのに対し、南東部の利用者の約7割が白人と、利用者に偏りがあり、公園内のエリア別でも利用者数に偏りが見られた。

現状

改修後イメージ

広場と歩道
- 広場区域を改修し、角地に新たな出入口を設え、歩道、バスケットボール、フィットネス、バーベキュー区域を再整備
- アメリカ障害者法に準拠するスロープを追加し、アクセスを向上
- 排水および給水インフラの改修
- グリーンインフラを施す
- 樹木、植栽、座り場、防犯照明を全面追加

ウィロビーストリートとセントエドワーズストリートの交差する出入口
- 階段と小広場エリアを改修

ウェストパークの植栽
- アメリカ障害者法に準拠する新通路の建設、既存通路の改修
- 排水インフラの改修
- グリーンインフラ、浸食管理、雨水管理を施す
- 樹木、植栽、座り場、防犯照明を全面追加

デカルブ街の階段
- 階段、歩道を改築し、手すりを追加整備

マートル街の植栽
- マートル街と北ポートランド街間の街区中央部の出入口を改修し、北東角地の楕円区域と隣接する歩道を再建
- 既存のアスファルト舗装通路の改修、新規通路の整備
- アメリカ障害者法に準拠するランプを追加
- 記念碑に通じる階段に位置する踊り場を復元
- 排水・給水インフラの改修
- グリーンインフラを改修
- 樹木、植栽、座り場、防犯照明を全面追加

公園南東部の小道
- 既存通路を修復し、排水路、グリーンインフラ、雨水管理を改善
- グリーンインフラを施す
- 樹木、植栽、座り場、防犯照明を全面追加

図20｜境界なき公園事業で選定されたフォートグリーンパークの改善事業計画（2021年）
（出典：ニューヨーク市公園局）

公正性の観点から北部沿道の改善を促すために、境界なき公園事業によって5百万ドル（約5・5億円）が割り当てられた。住民等の意向調査や協議により、北部沿道の出入口、通路、広場、排水を中心とする改善方針について地区内のステークホルダーと事業調整が進められている［図20］。

その後、2020年にスワードパーク、ジャッキーロビンソンパーク、フラッシングメドウズコロナパーク、2021年にはプロスペクトパークの改修も実施され、各所で周辺との接続性を高めることで、地域により開かれた公共空間に改善する事業が推進されている。（関谷進吾）

参考文献

2-1

・Project for Public Spaces, Placemaking-What if we built our cities around places?, 2016

2-2

・Bryant Park Corporation, Bryant Park HP, https://bryantpark.org
・Bryant Park Corporation, Bryant Park 2015 Map and Guide, 2015
・Project for Public Spaces, How to Turn a Place Around, 2000
・Project for Public Spaces, Bryant Park Intimidation or Recreation?, 1981
・三友奈々「プレイスメイキング概念におけるデザイン手法に関する考察」『芸術工学会誌』61号、2013年

2-3

・Joshua David and Robert Hammond, High Line, Farrar, Straus and Giroux, 2011
・Friends of the High Line, High Line Pocket Guide 2019-2020, 2019
・Friends of the High Line, High Line HP, https://www.thehighline.org

2-4

・Barry Benepe, Greenmarket: the Rebirth of Farmers Markets in New York City, Council on the Environment of New York City, 1977
・Joanna Merwood-Salisbury, Design for the Crowd: Patriotism and Protest in Union Square, University of Chicago Press, 2019
・Marcel Van Ooyen, 40 Years of Greenmarket. The Rebirth of Farmers Markets in New York City, Medium（blog）, 2016. 3. 29
・Mimi Sheraton, Farmers' Markets With a Bounty of Freshness..., The New York Times, 1977.6.22
・Union Square Partnership, Union Square 14th Street District Vision Plan, 2021
・Emily Wexler, Open Space Redefined: The Renovation of Union Square Park's North End, The City University of New York, 2011

2-5

・William H. Whyte, City: Rediscovering the Center, University of Pennsylvania Press, 2012
・New York City Department of Parks and Recreation, Parks Without Borders : NYC Parks: Making our parks more open and welcoming
https://www.nycgovparks.org/planning-and-building/planning/parks-without-borders
・City of New York, OneNYC: The Plan for a Strong and Just City, New York City
https://onenyc.cityofnewyork.us/
・Pratt Institute Graduate Center for Planning and the Environment, Urban Placemaking and Management Program Lab: Analysis of Public Space, Fort Greene Park: Analysis of a Place, 2016

私たちは、私たちの都市を変革し続け、かつて忘れ去られたウォーターフロントが再び忘れ去られることがないようにするのだ。

マイケル・ブルームバーグ「ビジョン2020　包括的ウォーターフロント計画」2011

3章
ウォーターフロントのコンバージョン

3-1

ウォーターフロントを産業空間から公共空間へ

ニューヨーク市内322kmに及ぶウォーターフロントのうち、特にマンハッタンを囲むイーストリバーやハドソンリバーの沿岸は、長らく工場や埠頭等の産業空間として使われてきたが、産業構造の変化により次第に空洞化が進んだ。1992年、市はそうしたウォーターフロントを再生するため「包括的ウォーターフロント計画」を初めて策定した。そこでは、沿岸の用途を、自然・公共・稼働中・再開発中の四つに分類し、さらに22の区間に分けた上で、それぞれに必要な施策が提案された。パブリックスペース・ムーブメントの観点では、ウォーターフロントゾーニングとして、連続する沿岸歩道、それに接する民地側の追加的な公共空間、そして市街地から沿岸へのアクセスを確保するビジュアルコリドーの考え方が示されたことが重要であった。この92年の計画を契機にニューヨークのウォーターフロントの風景は大きく変わり始めた。

ブルームバーグ市政下では、この再生戦略をさらに推進するべく、2011年に「ビジョン2020　包括的ウォーターフロント計画」が策定された。目標としては、①パブリックアクセスの拡張、②ウォーターフロントの活性化、③稼働中の産業施設の支援、④水質の改善、⑤自然沿岸の回復、⑥ブルーネットワークの充実、⑦政府の監督の改善、⑧気候変動に対するレジリエンスの

既存の公園やオープンスペース
パブリックアクセスが確保されているウォーターフロント
パブリックアクセスが確保されていないウォーターフロント
❶-❻ 2018 年以降、パブリックアクセスの改善を目的とした事業が展開されている

図1｜パブリックアクセスが可能なウォーターフロントからの0.5マイル徒歩圏
（出典：The City of New York, City Comprehensive Waterfront Plan, 2021に筆者加筆）

向上、が掲げられた。この目標のもとで、ブルックリンではブルックリンブリッジパーク［2節］および近接するダンボ（DUMBO）地区の再生［3節］、クイーンズではハンターズポイントサウスの再開発［4節］、そしてマンハッタンではイーストリバー・ウォーターフロント・エスプラナード［5節］やハドソンリバーパーク［6節］などが次々と竣工を迎えた。しかし、「ビジョン2020」の策定から18カ月後、ハリケーン・サンディが甚大な被害をもたらし、気候変動に対する都市の脆弱性が最大の課題として強く認識されるようになった。「リビルド・バイ・デザイン」［7節］は、そうした課題に応える取り組みである。

2021年には、パブリックアクセスの公平性や工業用途とのバランス、水質改善と人々の意識向上、産業空間の価値向上と緑化、沿岸インフラの老朽化、洪水リスクと気候変動などの課題に応えるべく、第三次「包括的ウォーターフロント計画」が策定され、ウォーターフロントからの0・5マイル（約800m）徒歩圏という概念が導入されている。（中島直人）

3-2

ブルックリンブリッジパーク

多様なアクティビティを可能にする場の創出

20年以上に及ぶウォーターフロントの変革

2011年よりイーストリバーフェリーがマンハッタンと対岸のブルックリン／クイーンズを行き来している。ウォール街の埠頭を出発して最初に到着するのが「第1埠頭」である。ブルックリンブリッジパーク（Blooklin Bridge Park：BBP）は、ウォール街からわずか10分ほどで行くことができる面積33haのウォーターフロントパークであり、ダンボ地区の北岸やイーストリバー沿いの六つの埠頭には多様なアクティビティが生まれている［図2］。BBPは、2014年にはアメリカ都市計画協会の全国都市計画優秀賞（都市デザイン部門）、2018年にはアメリカランドスケープアーキテクト協会のプロフェッショナル賞と、多数の賞を受賞してきた。

港湾公社の複合開発案と住民の公園案の対立

図2｜ブルックリンブリッジパークの全体図

（出典：National Agricultural Imagery Program（NAIP）の航空写真および
ニューヨーク市都市計画局の公開データMapPLUTO20v7をもとに筆者作成）

イーストリバーフェリーが到着する第1埠頭の周辺一帯は、「フルトンフェリー・ランディング」と呼ばれている。1814年、エンジニアのロバート・フルトンがマンハッタンとブルックリンを結ぶ最初の蒸気船を発着させた場所である。ここを起点として、イーストリバー沿いは次第に貨物船からの積み下ろし施設で埋められていった。南北戦争（1861〜65年）終結後、ブルックリンの商業は最盛期を迎え、フルトンフェリー・ランディングから西南に伸びるファーマン通り沿いには煉瓦造の倉庫が建ち並んだ。1883年にはマンハッタン－ブルックリン間の最初の橋梁であるブルックリン橋がフルトンフェリー・ランディングを貫く形で建設され、1888年にはその西隣に鉄道のフルトンフェリー駅が開設され、交通の結節点としても発展していった。

ブルックリン橋の南西側に並ぶ埠頭・倉庫群の大半は、ニューヨーク埠頭会社が所有・運営していた。しかし、船舶と貨物の規模が拡大するなかで、深刻な経営問題を抱えるようになった。そこで、1956年にはニューヨーク港湾公社（1972年にニューヨーク・ニュージャージー港湾公社に改組）がニューヨーク埠頭会社から埠頭を買い取り、改良を行った。しかし、その効果が持続したのはわずかな期間で、もともと敷地が狭小だったことから、次第にコンテナ時代の輸送に対応できなくなっていった。最終的に、これらの埠頭は1980年代初頭にその役割を終えることになった。

一方、このブルックリンの埠頭群に接している高台は、フルトンフェリー就航以降、マンハッタンから通勤可能な屈指の高級住宅地として発展していった「ブルックリンハイツ」と呼ばれる地区である。このブルックリンハイツは、地域住民の運動の結果、1965年に市で最初の歴史地区に指定されたことでも知られる。

その高台のエッジ部分には、1954年に開通した高速道路が走っているが、蓋がかけられており、その上部は「ブルックリンハイツ・プロムナード」と呼ばれる散歩道となっている。後にBBPとなる埠頭越しに、マンハッタンのウォール街や自由の女神像を望めるビュースポットである。1974年にはこのプロムナードを視点場とした特別眺望地区が指定され、眺望を守るための規制がかけられた［図3］。イーストリバーの中央部まで、新規の建物の建設はほぼ不可能となる内容であった。そうした経緯もあり、ブルックリンハイツの住民にとっては、役割を終えた埠頭群の将来的な土地利用は大きな関心事であった。

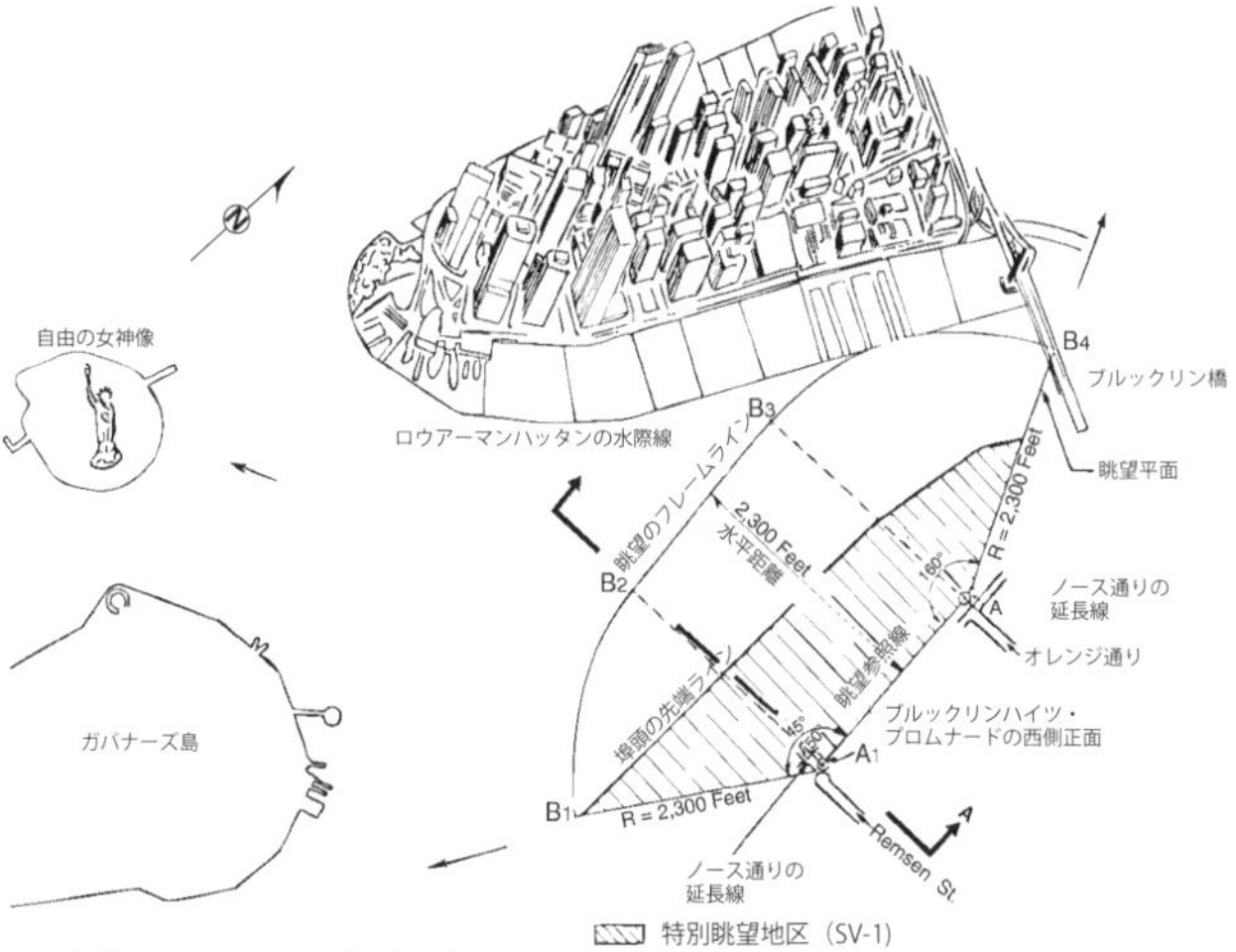

港湾公社としては、基本的には全部もしくは一部を売却することを考えていた。ニューヨーク市も、ブルックリンの経済活性化の観点から埠頭の跡地利用を検討していた。両者は協働してスタディを行ったほか、港湾公社単独でもコンサルタント会社に依頼して民間開

図3｜ブルックリンハイツの特別眺望地区
（出典：New York City Zoning Resolutionの図をもとに筆者作成）

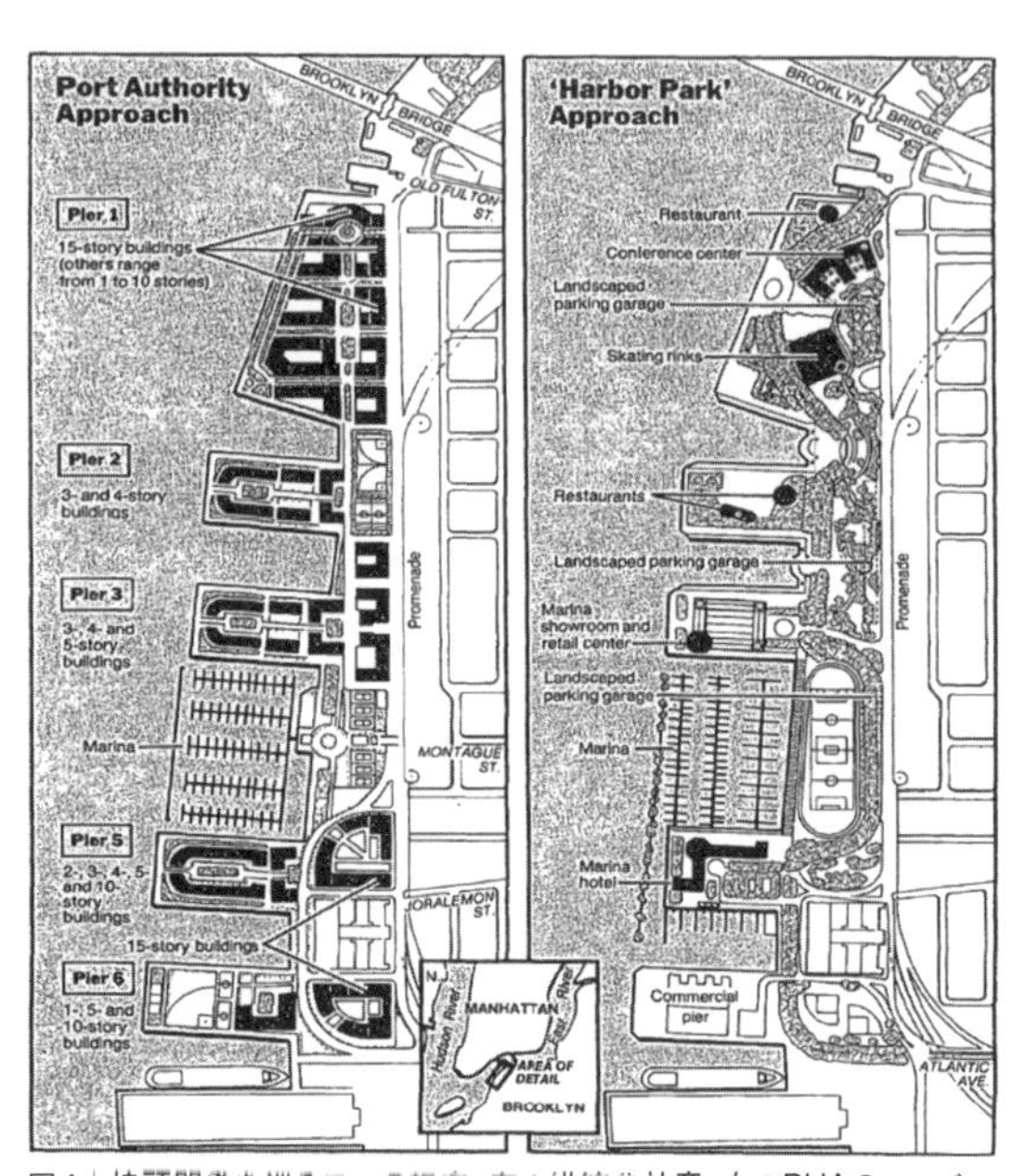

図4｜埠頭開発を巡る二つの提案。左：港湾公社案、右：BHAのハーバーパーク案（出典：The New York Times, August 19, 1988）

発市場の分析を行い、国際会議場を中心とした商業施設と住宅の複合開発の提案を受けていた。

一方で、ブルックリンハイツの住民により組織され、アドボカシー活動を展開していたブルックリンハイツ協会（Brooklyn Heights Association：BHA）は、港湾公社や市の提案に対して、将来ビジョンを考える前に市場調査を行った点を批判し、反対の姿勢を示した。そこで、1986年10月に埠頭の将来を考える委員会を立ち上げ、近隣住民やニューヨーク自治体芸術協会、ランドバーク・コンサーバンシーなどのNPOの参画を得て、都市計画事務所のバッカースト・フィッシュ・ハットン&カッツに広域的な観点からの分析および全体計画の立案を依頼した。

1987年2月に公表された彼らの報告書では、①ユニークな眺めを保全し高める、②海運利用を維持する、③ウォーターフロントへのパブリックアクセスを高める、④環境に配慮した開発を保障する、⑤周辺の歴史的環境に調和した特性・質・スケールを提供する、⑥周辺および広域の文脈に即した用途を提供する、といった目標や基準が示された。そして、①海運利用の継続案、②純粋な公園案、③中規模の複合開発案、④住宅を含む複合開発案の四つの案を提示した。

このうち、港湾公社と市が現実的だと受け入れた案は④の複合開発案であった。それに対して、協会は②の公園案にこだわり、独自にハーバーパーク案を作成した。当時の新聞は、協会の公園案と公社の複合開発案との乖離を、「公共の公園がひしめく土地の飛び地のような私有住宅地と民間営利企業でいっぱいの公園との対立」とやや皮肉を込めて報道している［図4］。その後、議論が重ねられ、コミュニティボードは公園案を選択した。しかし、その建設資金の当てはなかった。

財政的に自立している「自足的公園」を目指す

1988年には、公園計画の促進に向け、ブルックリンハイツ協会会長のトニー・マンハイムによりブルックリンブリッジパーク・コリジョンが設立された。そして92年には、州・市・区・コリジョン、その他の多くの地域および市の団体が、公式に「13の原則」にサインした［表1］。このうち特に重要な原則が、1番目の「総合的なプランニング」で、対象を埠頭から広げた上で関係する主体がミッションをシェアすることが確認された。そして、もう一点、8番目の財政計画の原則において、公園以外の商業・住宅・オフィス開発によって、地域の活性化や安全性の確保、公園の運営費等の

1	総合的なプランニング
2	計画・開発・管理プロセスにおける完全な市民参加・市民レビュー
3	眺望景観の保全と向上
4	計画・開発・運営・管理における公共の責任意識
5	アクティブ・パッシブ両方の通年公共レクリエーションのための専用公園地のオープンスペースの最大化
6	パブリックアクセスや利用の開拓、近隣の性格やインパクトに対する配慮
7	デザインの質を強調し、建物のボリューム・建ぺい率等について上限を規定するガイドラインの作成
8	財政的に堅実な案の検討
9	雇用開発の促進
10	水と関係した開発の促進
11	近隣と密接に関係づけられたスケールや建築形態の要求
12	交通手段の拡充も含む敷地とダウンタウンブルックリンとの関係の強化
13	騒音や空気汚染の最小化

表1｜1992年に合意された13の原則
（出典：Joanne Witty, Henrik Krogius, Brooklyn Bridge Park: A Dying Waterfront Transformed, Fordham University Press, 2016をもとに筆者作成）

財源を確保する、つまり、公園が財政的に自立している「自足的公園」であるということが、公園建設のために公的資金を集める運動にとって重要であった。

その後、1997年には公園計画を実現するための組織としてブルックリンブリッジ・ウォーターフロントLDCが設立され、2000年に公園のマスタープランをまとめた。建設費は1億5千万ドル（約200億円）と算出され、そのうちニューヨーク市が6500万ドル（約88億円）、ニューヨーク州が8500万ドル（約115億円）を出資することが決まった。そして、2001年の同時多発テロの直前には、「ブルックリンブリッジパーク」という名を持つ最初の小さな公園がダンボ地区で起工された。テロの発生によりしばらく計画はストップしたが、2002年5月、1995年から計画を推進してきたジョージ・パタギ州知事と1月に就任したばかりのマイケル・ブルームバーグ市長が第1埠頭にて、すでに決めていた1億5千万ドルの

図5｜ブルックリンブリッジパークの多様な風景。上：メリーゴーランド越しにマンハッタンを望む、中：第1埠頭上からの眺め、下：屋根が残された第2埠頭（上・中の写真撮影：関谷進吾）

支出に関する契約を取り交わした。さらに、州と市はLDCのマスタープランに沿って公園を建設していくためにブルックリンブリッジパーク開発公社（Brooklyn Bridge Park Development Corporation：BBPDC）を設立した。続く2003年、BBPDCは、公園の設計者としてランドスケープ事務所のマイケル・ヴァン・ヴァルケンバーグ・アソシエーツを選定した。

建設費は当初の予算を大きく超過したが、ブルームバーグ市政下、市は2008年に7500万ドル（約102億円）、2010年には5500万ドル（約75億円）、デブラシオ市長に交代した後の2014年には4千万ドル（約54億円）の追加投資を行い、公園建設を主導していった。こうして2010年の第1埠頭と第6埠頭を皮切りに、2020年の第2埠頭まで順次、開園を迎えていった。

多様な場が共存する公園のデザインと運営のしくみ

開園したBBPの特徴は、マンハッタンを望みながら歩けるウォーターフロントのプロムナードであると同時に、六つの埠頭をはじめとして特徴的なアクティビティを行える多様なエリアが共存していることだろう［図5］。ダンボ地区［3節］の開発を担ったデベロッパーのデヴィッド・ワレンタスが寄付した1922年製のメリーゴーランド、ノルトンフェリー・ランディングの歴史を物語るエンパイアストア［図7］やタバコハウスなどの建造物が場を特徴づけるブルックリン橋付近から南下していくと、さまざまなイベントが開催される園内最大の芝生広場と子供たちの遊び場からなる第1

埠頭、バスケットコートやローラーリンク、フィットネス器具が配された第2埠頭、低い果樹で囲われた芝生が広がる第3埠頭、自然の潮溜まりが残るビーチを備える第4埠頭、そしてマリーナを挟んで、サッカーやラクロス等に使用できる運動場になっている第5埠頭、緑に覆われた隠れ家的空間とバレーボールコートが共存する第6埠頭と、静と動の公共空間が交互に現れるのである。結果として、ウォーターフロントに実に多様なアクティビティが創出されている。さらに、それらのアクティビティを図とすると、地の部分では生態系の回復や埠頭の遺構の活用に取り組まれている。

BBPDCは、2010年にブルックリンブリッジパーク・コーポレーション（Brooklyn Bridge Park Development Corporation：BBPC）に改称され、この多様な場を擁する公園の計画と建設、維持管理を一手に引き受けてきた。その後のスタディから、13の原則で謳われたBBPの重要コンセプトである「自足的公園」については、商業・業務施設よりも住宅の方が根幹的な資金調達源になることが判明した。そこで、公園周辺に住宅棟が配され、さらに公園内でホテル棟の建設や歴史的建造物のリノベーション開発が行われた。実際、これらの不動産から得られる地代収入および公園内の建物にかかる固定資産税を免除された還元収入（PILOT）は、毎年、維持管理コストを大きく上回っている。

多彩な公共プログラムの実施

ブルックリンハイツ協会を母体とし、市民側から公園計画を促進してきたブルックリンブリッジ

図6｜芝生広場での野外映画上映

パーク・コリジョンは、公園建設が進み始めた2004年にブルックリンブリッジパーク・コンサーバンシーに改組し、公園開設後の公共プログラムを担うことになった。このコンサーバンシーが提供する公共プログラムは、芸術・文化、レクリエーション、教育など多岐にわたる。

芸術・文化プログラムとしては、毎年7月と8月の木曜日の夜に第1埠頭の芝生広場で開催される映画上映会、街中から仮装した親子たちが集まる第6埠頭でのハロウィンイベントなどが人気を集めている。特に、自由の女神の向こうに夕陽が沈み、マンハッタンの高層ビルの窓の光が輝き出す雄大な夜景の中で映画を楽しむ上映会は、屋外の公共空間が持つポテンシャルを最大限に発揮したイベントだろう［図6］。

一方で、レクリエーションプログラムも充実している。第2埠頭からは、数多くのカヤックがイーストリバーに漕ぎ出している。また、第5埠頭の運動場では大人と子供それぞれが参加できるサッカーリーグが、第2埠頭ではバスケットボールの講習会が開催され、河岸では無料フィットネスプログラムも多数提供されている。

さらに、BBPを特徴づけている重要な取り組みが環境教育プログラムである。ニューヨーク市の五つの郡の学校の生徒を対象としたプログラ

主な公共プログラム			2015年度	2016年度	2017年度	2018年度	2019年度
文化・芸術	野外映画鑑賞	人数	41000	25000	40000	50000	38000
	収穫祭	来訪者数	7500	7000	7000	5000	6500
レクリエーション	カヤック乗り	人数	6244	5500	5500	6600	9000
	サッカースクール	参加者数	3050	3000	3168	2652	2700
教育	環境教育プログラム	参加学校数	50	130	138	119	120
		参加者数	10134	11000	8555	9200	10200
	環境教育センター	来訪者数	3043	12000	10803	9300	9700
ボランティア		人数	1436	1850	784	660	814
		時間	10135	7118	3772	3050	3600

表2｜コロナ禍以前の主な公共プログラムの参加者数とボランティア数
（出典：ブルックリンブリッジパーク・コンサーバンシーの年度報告書をもとに筆者作成）

ムでは、サステナブルデザイン、生態学、環境学、地質学、ブルックリン橋の歴史といった幅広いトピックについて、実際に公園を巡りながら学ぶことができる。また、コンサーバンシーではマンハッタン橋のたもとの環境教育センターの運営も受託しており、年間1万人の来場者に対してBBPに生息する生物を紹介している。

以上のような多彩なプログラムの実施に加えて、コンサーバンシーではインフォメーションセンターの運営や園内の清掃・草刈りなども行っている。これらの取り組みを支えているのが、数多くのボランティアスタッフである。その人数は表2の通りだが、その内訳を見ると、2016年にはボランティアの3分の1が、17年には18％が18歳以下で、多様な年代が関わっているのが特徴である。

夏の週末には平均10万人の人々が訪れるBBPは、直接的にはその周辺地域に活気をもたらしたが、一方でウォーターフロントの新しいあり方を実現することでニューヨーク市全体に大きなインパクトを与えた。パブリックスペース・ムーブメントが描く都市生活、公民連携による公共空間の運営が、まさにそこで展開されている。

（中島直人）

3-3

ダンボ地区

放置された沿岸倉庫群をヒップスター界隈に

「壁の街」の再生

ダンボ地区は、1830年代にマンハッタンとブルックリンをつなぐ蒸気船の船着場が置かれ、旅人で賑わう酒場をはじめ、市場、銀行、保険会社、法律事務所が建ち並ぶ活気あふれる水辺の街であった。街を特徴づけるイーストリバー沿いに連なる倉庫群は19世紀半ばに建設されたもので、その様相から「壁の街（Walled City）」と称された。19世紀後半には塗料・靴・缶詰等の各種製造業で栄えたが、1920年代以降の産業構造の転換により空洞化が生じた。その後1940年代には、かつての工業用建物は倉庫や業務用施設に転用され、追い討ちをかけるようにして、ブルックリン－クイーンズ高速道路の開通により、当地区は衰退の一途を辿った。

1970年代以降、ソーホー地区（マンハッタン）において、放置された工業用建物のロフトを芸術家に貸し出すことを市が許可していた状況もあり、ダンボ地区についても未利用の工業用建物の再生が検討され始めた。同地区の新スポットとして人気を集めているエンパイアストアは、近隣のブルックリンハイツ協会の要望を受け保全された赤煉瓦倉庫を再生し、商業施設やブルックリン歴史協会のミュージアム等も入居する複合施設である［図7］。

図7｜保全・改修されたエンパイアストア（右手の赤煉瓦施設）

クリエイティブ層をターゲットにした開発

当地区では、マンハッタン橋の下に広がる倉庫群と石畳の街並みを資産としてクリエイティブ層にターゲットを定めた不動産事業が展開されてきた。その契機は、1974年、不動産会社トゥーツリーズマネジメントの創設者デヴィッド・ワレンタスが延床約20万㎡相当の建物を買収したことに始まる。同社は、芸術家のパトロンとしてスタジオを無償で提供し、芸術家を誘致した。1978年には、遊び心とマーケティングの観点から、芸術家が名づけた「ダンボ（DUMBO：マンハッタン橋の高架下を意味するDown Under the Manhattan Bridge Overpassの頭文字）」を地区の呼称にした。80年代には、芸術家が高架下の工業用建物に住み始めるようになった。90年代後半の同地区はまだなお老朽化がひどく荒れ果てていたが、そ

図8｜ダンボ地区で開かれる蚤の市

図10｜駐車場を広場に転用したパール通りプラザ

図11｜資材置き場から再生されたアーキウェイ

図12｜複合開発事業で先行整備された水際の公開空地、ドミノパーク

れがむしろ芸術家にとっては好都合であった。

ワレンタスは20年以上にわたり投資を続け、当地区で最大の建物所有者となり、1998年には市の許可を得て200戸のロフト住居を建設している。ワレンタスが所有する建物には、安い賃料でスーパー、ワインやペットの専門店、クリーニング屋などの店舗が次々と誘致され、デジタル世代が好む居住環境が整備されている。さらには、工業用建物の外観を活かした12階建てのアパート、アートギャラリーや演劇の劇場もつくられた。芸術家たちが飲食店のインテリア設計をサポートしたり、蚤の市を開催したりと、地区の発展に貢献する活動も生まれている［図8］。

1999年、ワレンタスは、ブルックリン橋とマンハッタン橋の間に位置するエンパイアフルトンフェリー州立公園（1978年開園）の敷地に、ホテルと映画館を併設させた8階建ての複合施設を計画するが、地元からの反発を受けた。最終的には、ブルックリンブリッジパーク［2節］の建設費の一部として450万ドル（約5億円）を出資する方向で収まっている。

25の街区により構成されるダンボ地区は、2000年に州の歴史地区に指定され、多くの工業用施設はそのファサードを残した業務棟と居住棟に転用された。

BIDによる公共空間の創出と事業者による公開空地の整備

地区内のインフラ改善とマーケティングを担っているのが、2006年に設立された非営利組織

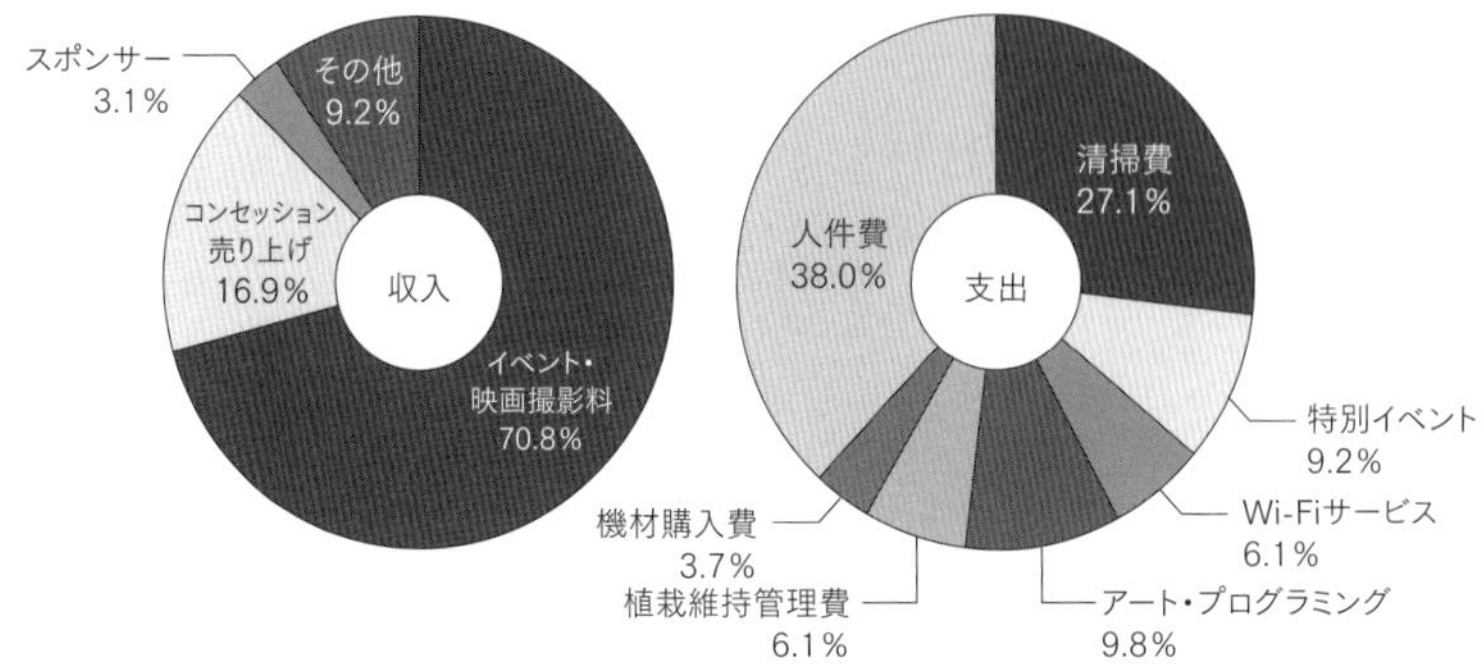

図9｜ダンボBIDの収入と支出の内訳（2015年度）（出典：ダンボBID提供の収支表をもとに筆者作成）

のダンボＢＩＤである。同団体では、地区内の地権者およびテナントと協働し、中小独立事業者を支援する商工会としての役割を果たしている。ダンボＢＩＤの年間予算は、２０１５年度時点で約16万ドル（約１８００万円）で、収入と支出の内訳は図9の通りである。

２００７年には、プラット・インスティテュート［7章4節］のインターン生の提案を発端として、パール通り沿いの三角平面の駐車場を広場に転用する事業が始動し、市交通局のプラザプログラム［4章4節］の第1号として「パール通りプラザ」［図10］が生まれた。交通局の調査によると、プラザ周辺の店舗の売り上げは、プラザが開設されて３年後には１７２％にまで上昇しており、経済効果が確認されている。それに伴い、資材置き場として使われていた隣の空き地は、「アーキウェイ」と名づけられた公共空間に転用されている［図11］。

なお、ウィリアムズバーグ橋のたもとに２０１８年にオープンしたドミノパークは、トゥーツリーズマネジメントがダンボ地区の知見を活かして開発した公園である［図12］。製糖工場を複合施設に転用し、全長約４００ｍ・面積２・４haの公開空地が先行整備された事例として注目を浴びている。

（関谷進吾）

3-4

ハンターズポイントサウス

沿岸再編の契機となったオリンピックX計画

地域経済を支える触媒的役割を果たしたオリンピックX計画

2012年のオリンピック招致において、ニューヨークはロンドンに競り負けたにもかかわらず、同市が招致に勝利したと題するニューヨーク大学の報告書がある。なぜだろうか。その理由には、市がオリンピック諸施設の整備費用を賄うことなく、都市計画に招致計画を活用し、未利用地の再編を成し遂げたことが挙げられている。

招致計画の契機となったのは、ブルームバーグ市政期では、副市長として経済開発を担当することになる事業家のダニエル・ドクトロフが1996年から進めた2008年開催のオリンピック招致活動であった。2012年のオリンピックを招致するために設立された非営利組織NYC2012は、当時放置されていた七つの区域（マンハッタンのファーウエストサイドとハーレム、ブルックリンのダウンタウンブルックリンとイーストリバーウォーターフロント、クイーンズのロングアイランドシティとハンターズポイント、ブロンクスのサウスブロンクス）を特定し、2004年に計画案を作成した。この計画

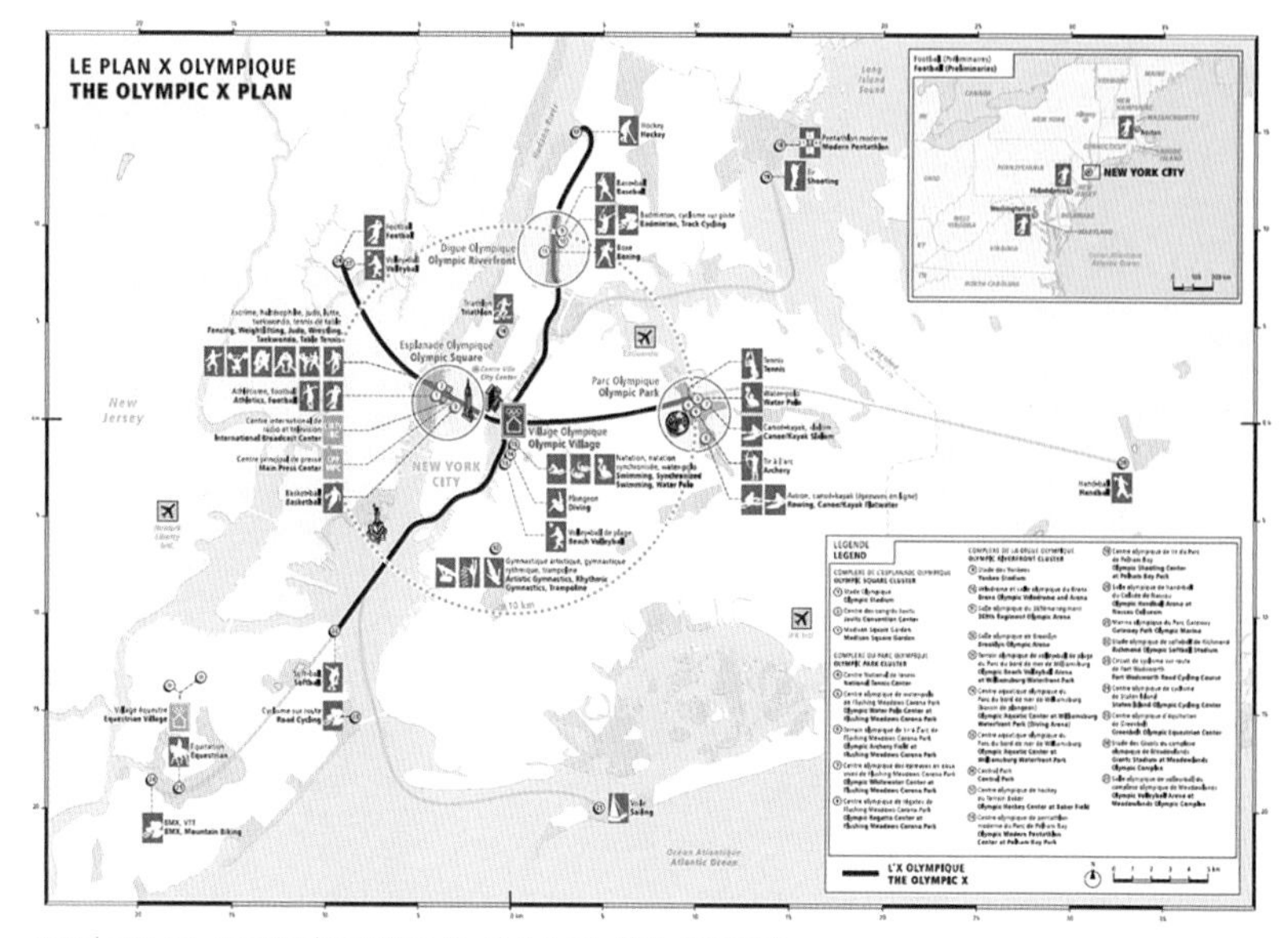

図13｜オリンピックX計画（赤印がハンターズポイント）（出典：NYC2012）

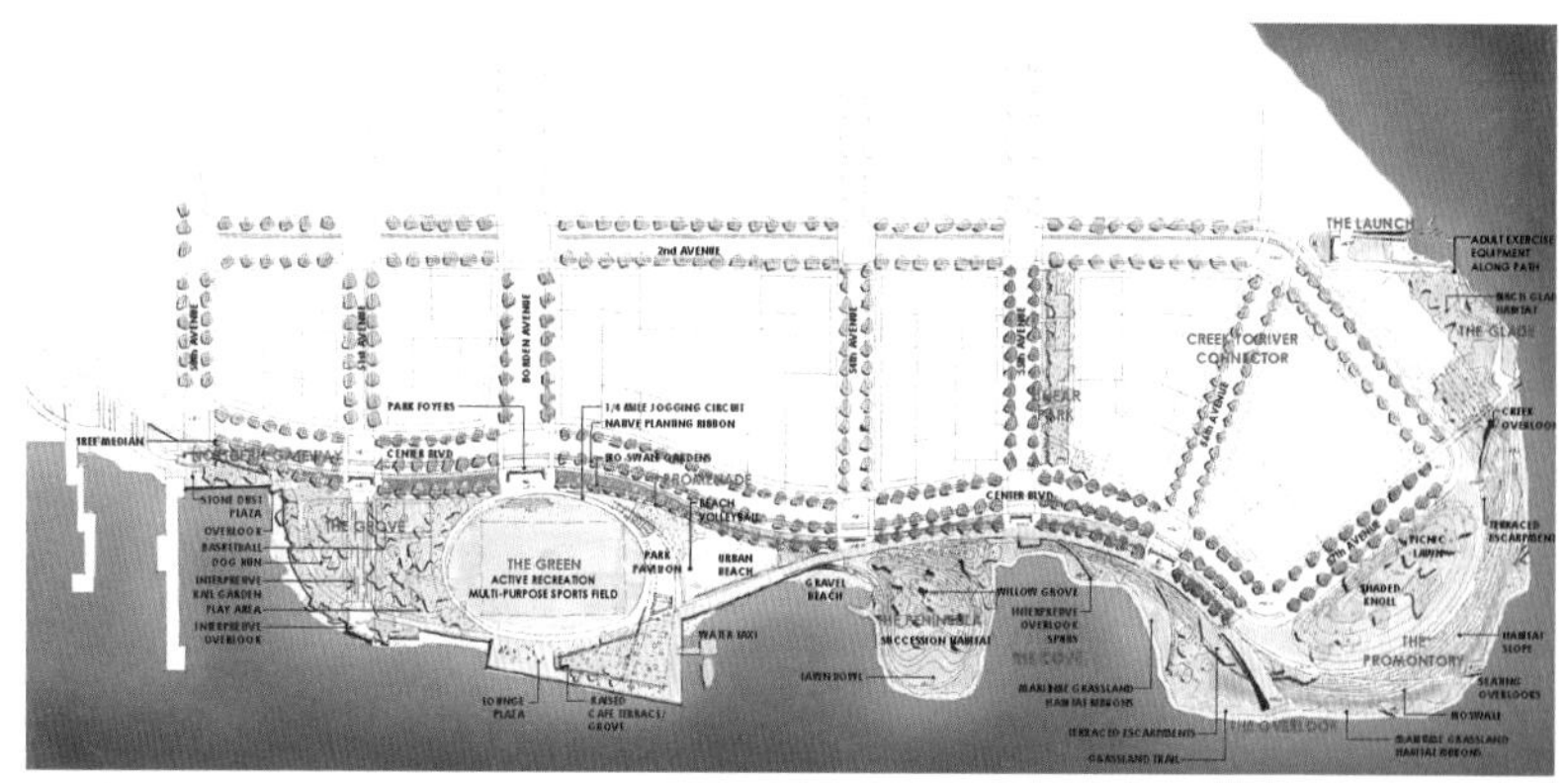

図14｜ハンターズポイントの選手村計画（出典：NYC2012）

は、市を貫く2本の軸線上にオリンピックの主要施設が並び、それがX状に配されることから「オリンピックX計画」と呼ばれた［図13］。一方の軸はイーストリバー－ハーレムリバーを抜ける南北軸、もう一方の軸はクイーンズのフラッシングメドウズコロナパークからニュージャージー州メドウランドへと抜ける鉄道による東西軸である。その2本の軸線が交差するハンターズポイントに選手村［図14］を配置することで、選手らが平均21分以内で全施設に足を運ぶことができる計画であった。その後2005年半ばに招致敗退が明らかとなったが、ブルームバーグ市政は取り組みを継承し、先の七つの区域を人口予測で増加が見込まれた百万人の受け皿となる特区に指定する長期計画を策定した。さらには2005年の国際オリンピック委員会の投票前に許認可を下しておくため、主要なゾーニング改定と大規模な規制緩和が2年半という異例の速さで遂行された。これにより、オリンピックが実現せずとも、マス交通の利便性が向上し、アフォーダブル住宅や新たな公園等も整備され、地域経済を支える触媒的役割を果たすことになった。

ハンターズポイントサウス沿岸公園

ハンターズポイントサウスは、2018年に住民からの反対を受けて撤回となったアマゾンの第2本社の候補地としても話題に上がったクイーンズ最西端のロングアイランドシティに位置する。この地区は、主に倉庫・工場・空き地・鉄道線等により構成されていたが、イーストリバーを挟ん

図15｜ハンターズポイントサウス沿岸公園の遊歩道

だ国際連合本部ビルの対岸という好立地にありながらも居住地区になかなか転用できずにいた。

ここでは、ロングアイランドシティの3分の1を占めるハンターズポイントサウスの12haの沿岸公園を取り上げたい。1983年、ニューヨーク・ニュージャージー港湾公社が住宅・業務の複合開発を提案した。翌年に許認可が下り、土地買収が推し進められるなか、98年にハンターズポイントサウスの北側にガントリープラザ州立公園が整備された。その後2002年には、同じく北側に位置する8・5haの敷地に、七つの居住棟（約3200戸）とハンターズポイントサウス沿岸公園を整備する方針が定められた。

先述のように、2005年に公表されたオリンピック招致計画ではハンターズポイントに選手村の設置が検討され、総数1万6千名の選手・コーチ・トレーナー用の居住施設（4400戸）に加えて、食事、トレーニング、レクリエーション用施設と公園を配し、オリンピックの開催後はアフォーダブル住宅を含む魅力的な居住地域に転用されることが計画された。2008年には、都市計画局によりハンターズポイントサウス特別地区に指定され、地区の6割を中所得層向けの居住棟（5千戸）と沿岸公園が整備される方針が定められた。公園は、中央部の芝生、遊具、ドッグラン、自転車レーン、河川沿いの遊歩道［図15］、バスケットボールコート、公衆トイレ・売店・カフェ・プラザからなるパビリオン（約1200㎡）で構成される。

一方、イーストリバー沿いは、軍用地を含む公有地と民有地が混在していたために整備が遅れていた。そこで1998年、非営利組織ヴァン・アレン・インスティテュートが設計競技「もう一つのニューヨークの川、イーストリバーのデザイン案」を実施し、ウィリアムズバーグをはじめとするイーストリバー沿岸の再編を促した。さらに、この区域を開発するにあたって不可欠な要素がフェリー交通であったが、2011年に船着き場を各所に整備し、フェリーが運航され、今では沿岸を活性化する要となっている。

本招致計画から都市整備の流れには、以下の三つの主体が鍵となった。①2012年の招致活動のために設立された非営利組織「NYC2012」、②製造業を保護する方針を捨て、工業地帯のゾーニング改定を促した「都市計画局」、③雇用創出と経済振興を主眼とする行政外郭団体「経済開発公社（Economic Development Corporation：EDC）」の三つの主体である。このうち、1966年に設立された経済開発公社は、市が所有する不動産を売却し、市の通常予算とは異なる事業費を抱えることができる組織で、民間に代わって非課税の債券を発行し、その代価として手数料を徴収している。これにより、通常の行政手続きを免除し、大規模な再開発事業を迅速に推進することができるだけでなく、未利用地の活用や公共性を重視した開発を促進することが可能となる。（関谷進吾）

3-5
イーストリバー・ウォーターフロント・エスプラナード
街の喧騒から解放される水辺

ロウアーマンハッタン再生の鍵としてのウォーターフロント

2019年4月、ロウアーマンハッタンのマンハッタン橋のたもと近くに、エコパークとして改修された第35埠頭がオープンした。設計は建築設計事務所SHoPとランドスケープ事務所ケン・スミス・ワークショップの協働である。芝生と砂丘、つる性植物で覆われることになるスクリーン、ブランコを備えたポーチ、ムール貝のビーチが配された園内には、ゆっくりと休むことができるパッシブな空間が広がり、緑の壁がアイコニックなランドマークにもなっている。2012年に上陸したハリケーン・サンディの影響で、予定よりも大きく開園がずれこんだこの公園は、2004年からニューヨーク市が段階的に進めてきた3・2㎞に及ぶ「イーストリバー・ウォーターフロント・エスプラナード（East River Waterfront Esplanade：ERWE）」のアンカー（最終走者）に位置する。

ロウアーマンハッタンのイーストリバー沿い一帯は、1950年代以降、埠頭としての機能を失い、幾度も再開発計画が立案されたにもかかわらず、都市計画家ジェームス・ラウスによる歴史的

図16｜都市計画局と経済開発公社により提案されたエスプラナードのアクティビティ
（出典：The City of New York, Transforming the East River Waterfront, 2004に筆者加筆）

建造物群を活用したサウスストリートシーポート開発などの部分的な再生しか実現されないままに、多くが放置されていた。その後ブルームバーグ市政は、ブルックリンブリッジパークと歴史地区に指定されているガバナーズ島の二大プロジェクトと合わせて、このイーストリバー沿岸を歴史的な港湾エリアとして再生する計画を打ち出し、新たなレクリエーションと文化の場の創出と、環境に配慮した持続可能な開発を目指した。

そして、2002年に立案した「ロウアーマンハッタンの活性化ビジョン」に基づき、都市計画局と経済開発公社が70以上に及ぶコミュニティボードや商店組織等とミーティングを重ね、イーストリバー沿いの緑道の途切れた部分を補完するとともに、街とイーストリバーとを再接続するための調査を実施し、2004年に報告書を公開した。そこで提案されたのが、既設のバッテリーパークとイーストリバーパーク間の沿岸を対象とする「エスプラナード・プロジェクト」である［図16］。その計画では、二つの埠頭の再生と街側からのアプローチ通路の整備（かつて陸と海とをつないだ斜路の再生）を含めた、水辺の歩行者空間が提案された。工事は4期に分けて実施され、2011年7月に第1期区間がオープンし、現在もまだ事業は続いている。

リラックスして過ごせるユニークなデザイン

エスプラナードのデザインで最も特徴的で影響力があったのが、陸と水との境界部分の手すりとベンチのデザインである［図17上］。ハイベンチの配置に合わせて各所で幅広にデザインされた手すりは、バーカウンターのような設えになっており、イーストリバーを眺めながらお酒を楽しんだり、読書やリモートワークをしたりと、人々の行動をアフォードするつくりである。それ以外にも、全面にわたって在来種で構成された植栽、長椅子やゲームテーブル、埠頭の歴史を感じさせるデザインのベンチなどが各所に配されている。エスプラナードと街とを分断している高速道路の高架下には、両者を接続する装置としてガラス張りのパビリオンが設置された［図17中］。そして、歩道から分離された自転車道をサイクリストが快適に走り抜けていく。

アンカーとなった第35埠頭に加えて、中間地点にあたる第15埠頭は、海へと突き出すユニークな立体の公共空間として再生された。19世紀後半に建てられた2階建ての桟橋からヒントを得たという施設は二層構造にデザインされており、下階には海事教育センターとカフェが配され、上階にはオープンスペースが広がる［図17下］。グランドレベルから絶妙の高さで切り離され、埠頭に停泊する船舶の高さにマッチした、この水辺に新設された開放的な公共空間は、ニューヨークの喧騒から抜け出し、リラックスしてくつろげる場となっている。

（中島直人）

図17｜イーストリバー・ウォーターフロント・エスプラナードの多様な風景。上：バーカウンター型の手すりとベンチ越しに見る第15埠頭、中：高速道路の高架下に建設されたパビリオン、下：立体公園となった第15埠頭の上階

3-6

ハドソンリバーパーク

マンハッタン最大規模のグリーンウェイ

マンハッタン最長の自転車・歩行者専用道が併設された公園

マンハッタン島の沿岸には、全周51㎞に及ぶ環状の自転車・歩行者専用道「マンハッタン・ウォーターフロント・グリーンウェイ」が整備されている。その最長区間である「ハドソンリバー・グリーンウェイ」（島南端のバッテリーパークと59丁目を結ぶ全長7・2㎞）が併設される公園が、ハド

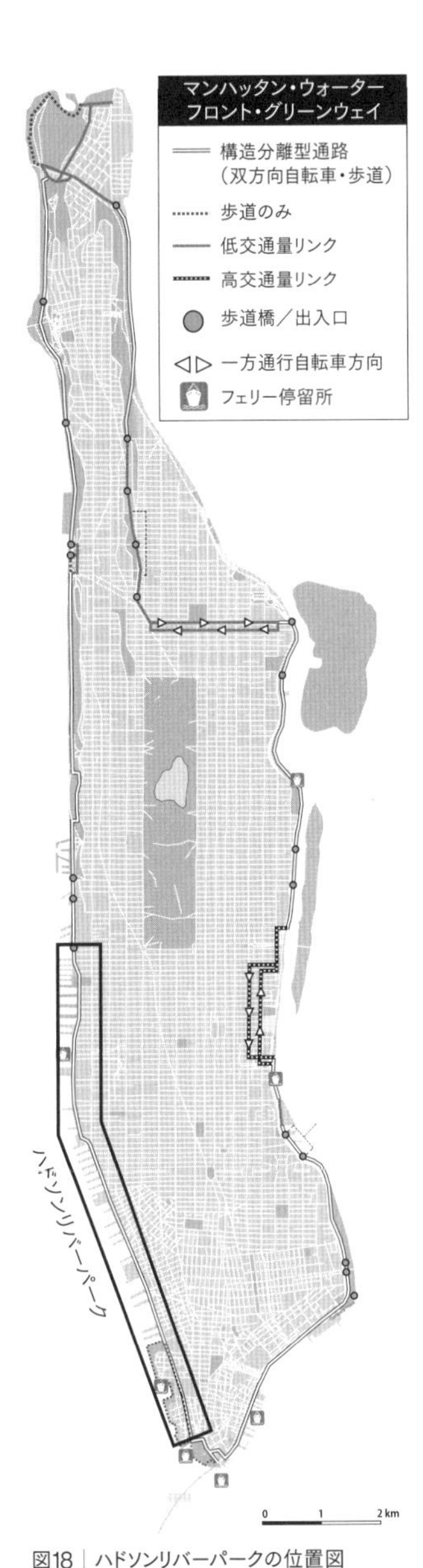

図18｜ハドソンリバーパークの位置図

（出典：City of New York Department of City Planning, Manhattan Waterfront Greenway Master Plan, 2004に筆者加筆）

図19｜バッテリーパークシティを抜けるハドソンリバー・グリーンウェイ

ソンリバーパークである［図18］。1999年に開園した公園は、マンハッタンでセントラルパークに次ぐ2.2㎢の面積を誇る。公園を南北に貫くハドソンリバー・グリーンウェイは、北米で最も利用者数が多い自転車道である［図19］。この道に直交する形で短冊状の埠頭が川へと張り出し、多様な屋外施設も整備されている。現存する40カ所の埠頭のうち、18カ所が公園・レクリエーション施設、5カ所が船着場、5カ所が行政施設、3カ所が博物館・展示施設、2カ所が民間に利用されており、残り7カ所が未利用となっている。

高架高速道路の撤去

1960年代にコンテナが普及して物流構造が転換し、70年代には海運業は衰退していた。そこで74年、沿岸を活用するために、隣接する都心居住の先駆事例であったバッテリーパークシティをモデルにしながら、連邦政府、市および州により、高速道路と公園を伴う複合開発事業が計画された。しかし、埋め立てを前提とする計画に住民が強く反発し、加えて72年に改正された連邦政府の水質浄化法の規制によって実施されずに終わった。一方、ハドソン川沿いを南北に抜ける高架高速道路は著しい老朽化と周辺地区の治安悪化が相俟って撤去されることになった。

コンサーバンシーの立ち上げ

高速道路の計画がなくなった1986年以降、当地区のあり方を問う協議が官民で重ねられ、1992年に州都市開発公社により公園計画事業の担い手として「ハドソンリバーパーク・コンサーバンシー」が設立された。コンサーバンシーでは、設計競技を実施して、マスターデザイン・コンサルタントとしてランドスケープ事務所のクエネル・ロスチャイルド・アソシエーツとシグニー・ニールセンが起用され、トライベッカ、ウエストヴィレッジ、チェルシーの各関係者との協議の結果、95年にマスタープランを作成している［図20］。その後98年には、市・州と民間事業者との協働によって親水空間を取り戻す公園計画が発公表され、同年にハドソンリバーパーク法が制度化された。その中で、コンサーバンシーの後任組織として市と州の共同組織「ハドソンリバーパーク・トラスト」が設立され、公園の計画・建設・管理運営を担っている。

多様な都市生活を支える20の埠頭群

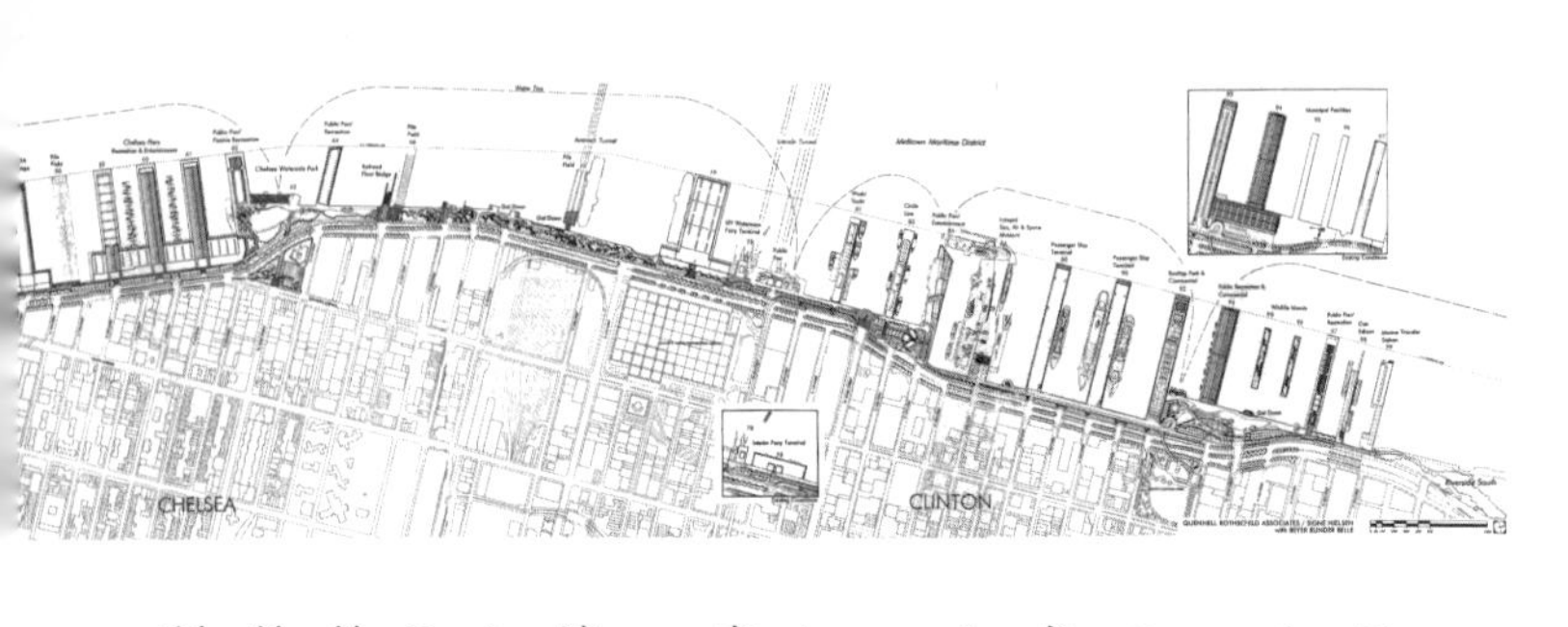

埠頭の地権者は行政と民間が混在し複雑なため、公園計画では専門家からさまざまな提案がなされたものの、実行に移せずにいた。そんななか、事業を推し進めたのは次の三つの要因による。

一つ目は、住民増加である。バッテリーパークシティおよびトライベッカ地区では、1980年からの30年で人口が約3・8倍にまで増えていた。そこで、住民参加をコンサーバンシーの計画プロセスに組み込むことにより、市民の需要に即した空間とサービスを提供する事業を実現することができた。

二つ目が、マンハッタン沿岸を環状に結ぶグリーンウェイの計画である。当計画による自転車道と歩道がハドソンリバーパークの主軸となり、市内の自転車利用者数や歩行者数を増加させ、環境負荷を最小限に抑える公園として運営さている。

三つ目が、これまでのレクリエーション施設にはなかったプログラムや施設環境を組み込むことによって、差別化を図り、市民の多様なニーズに応える機会とした点である［図21］。たとえば、市内で見かけることが少ないゴルフの練習施設（チェルシー埠頭、25号埠頭）や、アート・ファッション・デザインの展示施設（92号埠頭、94号埠頭）、海軍の設備を展示するイントレピッド海洋航空宇宙博物館（86号埠頭）などがその一部に挙げられる。昨今、注目されるのは、2021年に55号埠頭に整備された海上公園「リトル・アイランド」である。寄付によって創出され

図20｜ハドソンリバーパークのマスタープラン（出典：Hudson River Park Conservancy）

図21｜25号埠頭の船上レストラン、グランドバンクス

た約1haの当公園は、132のチューリップ状の構造体によって、水上より4・6mから18・9m立ち上げられ、5百年に一度の確率で生じる洪水に耐える形状を持つ。円形劇場・芝地・児童遊園・散策路によって構成され、三つの売店が運営され、多数のイベントは無償で提供されている。ハドソンリバーパーク・トラストとの規約上、半数以上のイベントは無償か30ドル（約4200円）以下で開催されている。

このように、ハドソンリバーパークでは各埠頭が異なる設計者によって計画されていることから、それぞれが独自の特性を有しており、各地区の市民の意向に沿ってプログラムを実施することができる。人々の健康を促進する自転車道や歩道のみならず、都市生活を支える多様な場づくりもマネジメントされている。（関谷進吾）

3-7

リビルド・バイ・デザイン

都市を水害から守るレジリエントなインフラ戦略

コミュニティをつなぐ復興デザインコンペ

２０１２年10月28日、「世紀の大嵐」とも呼ばれたハリケーン・サンディによって、アメリカ東海岸の13州が被災した。１８６名の命が奪われ、65万の家屋が破損し、その経済的被害はアメリカ史上３番目の６５０億ドル（約7・2兆円）にのぼった。ニューヨークでは、洪水によって51haわたって浸水し公共交通機関がストップし、約２００万世帯が停電する甚大な被害を受けた。各自治体が復旧に取り組むなか、より長期的な視点に基づく対策が求められ、オバマ政権は住宅都市開発省主導で事業費9・3億ドル（約1千億円）の特別復興事業「リビルド・バイ・デザイン」を推し進めた。

住宅都市開発省のショーン・ドノバン長官は、単なるニーズへの対応だけでは、最終的に小さなパイを全員に配るだけで終わることを危惧した。政治的に最も安易な方法は、「ピーナッツバターのようにして塗り広げること」であり、それでは効果が薄れてしまう。破綻している既存の枠組みを修復するためには、さまざまな空間スケールと時間軸によって輻輳する課題を総合的に捉え、多様な要素を統合することによって複雑な政治力学の中で人を巻き込みながら、実践を牽引するデザイン戦略を求めた。そこで、単に洪水を防ぐためのインフラ整備ではなく、コミュニティをつなぐ多様な機能を有する公共空間のあり方を問うデザインコンペを実施した。

7事業の選定

連邦政府の特別復興事業費の総額は600億ドル。そのうち住宅都市開発省に割り当てられた9・3億ドルは、各地区のコミュニティ開発支援に使われるため、先のコンペ費用に充てることができず、400万ドル（約4・4億円）のコンペ費用をロックフェラー財団等が出資した。

コンペの応募要件は、設計事務所や環境技術専門コンサルタントなど分野を横断するメンバーでチームを構成することである。コンペの運営は、専門領域の異なる三つの非営利組織（地域計画協会、自治体芸術協会、ヴァン・アレン・インスティテュート）と社会学専門のニューヨーク大学公的知識研究所が担った。

148組の応募が集まり、全米芸術基金を委員長とする28名の審査委員によって10組に絞り込まれた。2014年6月に10組の最終案が審査され、9・3億ドルが助成される7事業が選定された。①マンハッタンの「ザ・ビッグユー」、②サウスブロンクスの「ハンツポイント生命線」、③ニュージャージー州ウィーホーケン・ホーボーケン・ジャージーシティの「都市の水資源管理総合戦略：レジスト、遅延、貯蔵、放流」、④ニュージャージー州メドウランドの「新メドウランド」、⑤スタテン島の「生きている防波堤」、⑥ロングアイランドのナッソーカウンティーの「地域レジリエンス総合計画：湾暮らし」、⑦コネチカット州ブリッジポートの「レジリエント・ブリッジポート：エッジの静穏化・中心の接合」の七つである。

同年9月以降は、連邦政府が13の都市を対象に、10億ドル（約1100億円）規模のコンペを実施し、さらに連邦国際開発庁、スウェーデン国際開発庁、ミュンヘン工科大学が提携するなど、国際的な取り組みへと展開の広がりを見せた。

ロウアーマンハッタンの沿岸強靭化事業

ここでは、選ばれた七つの事業の一つ、①ザ・ビッグユーを皮切りとして始まったロウアーマンハッタンの沿岸整備について触れたい。2014年のコンペ案が契機となり、州ならびに経済開発公社がそれぞれにコミュニティの意向を反映した防潮計画を同年に発行した。それを受けて、2019年3月に、経済開発公社とニューヨーク市復興担当市長室が、今後の気候変動に適応する同地区の防潮計画に関する調査を実施している［図22］。その後、2020年10月時点で、住宅都市開発省は市に3・5億ドル（約390億円）、州に600万ドル（約6・6億円）を助成し、①ザ・ビッグユーによるイーストサイド沿岸の強靭化に加え、②ハンツポイント生命線、⑤生きている防波堤の3事業に投じた。ザ・ビッグユーの対象であるロウアーマンハッタンは、ブルックリン橋－モントゴメリー沿岸［図23］、ザ・バッテリー沿岸、バッテリーパークシティ、金融地区・シーポートの4区間に大別して強靭化の事業を推進している。このうち、ブルックリン橋−モントゴメリー沿岸では、百年に一度の洪水に耐える防潮施設を設置し、平常時は人々に利用される公共空間として2021年以降に計画を定め整備が開始されることになった。

（関谷進吾）

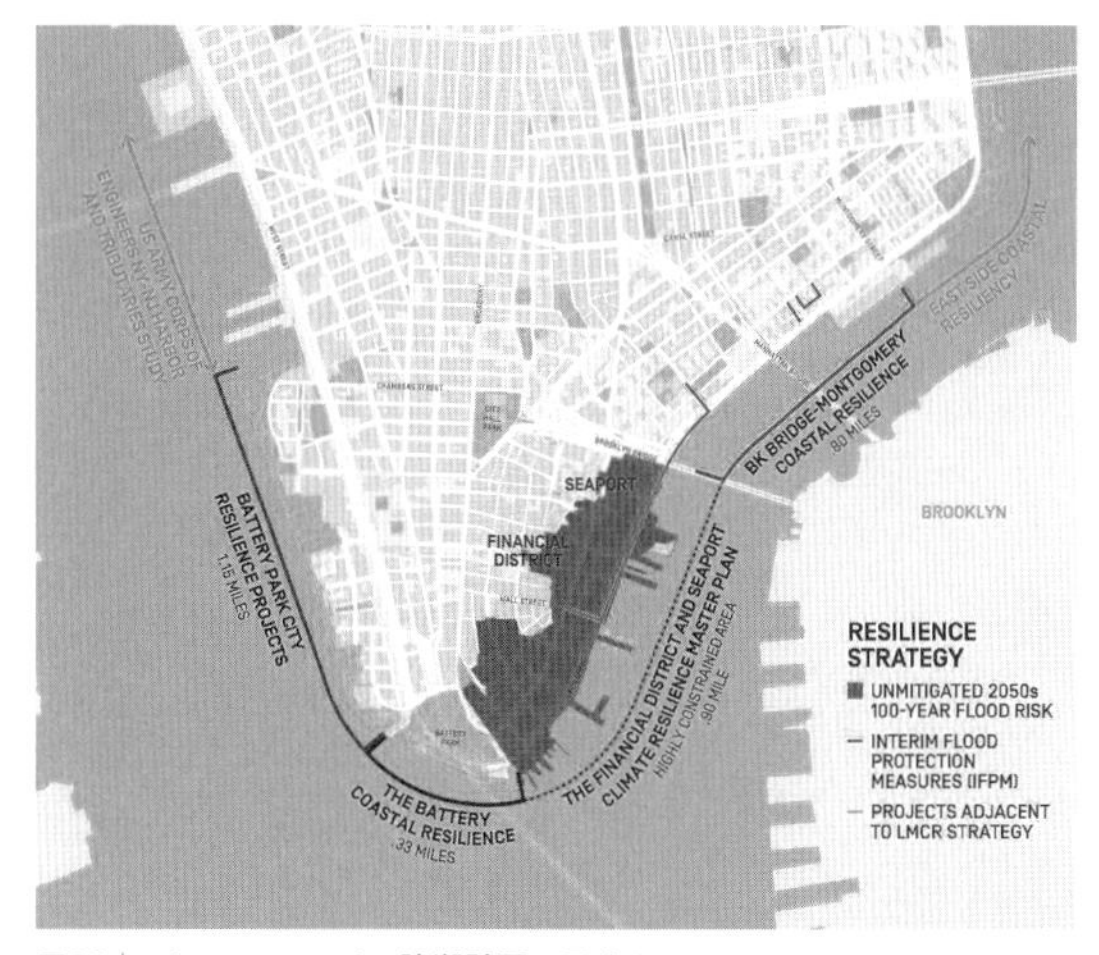

図22｜ロウアーマンハッタン防潮計画の区分（出典：ニューヨーク市復興担当市長室）

図23｜ロウアーマンハッタンのブルックリン橋－モントゴメリー区間の強靱化計画案（出典：ニューヨーク市復興担当市長室）

参考文献

3-1

・New York City Department of City Planning, New York City Comprehensive Waterfront Plan: Reclaiming the City's Edge, 1992
・New York City Department of City Planning, Vision 2020: New York City Comprehensive Waterfront Plan, 2011
・New York City Department of City Planning, Vision 2030: New York City Comprehensive Waterfront Plan, 2021

3-2

・Joanne Witty and Henrick Krogius, Brooklyn Bridge Park: A Dying Waterfront transformed, Fordham University Press, 2016
・The Brooklyn Bridge Park Conservancy, Annual Report, 2015-2022

3-3

・Marcia Reiss, Fulton Ferry Landing, DUMBO, Vinegar Hill Neighborhood History Guide, Brooklyn Historical Society, 2001
・New York City Landmarks Preservation Commission, Dumbo Historic District Designation Report, 2007
・Richard Anthony Mauro, Guide to the Legends & Mystery of Brooklyn, Volume I: Old Fulton Street & Fulton Ferry including DUMBO & Vinegar Hill Historic Districts, Ferry Market Publishing, New York

3-4

・ARUP, Thomas Balsley Associates, Weiss/Manfredi, Hunter's Point South Waterfront Park Concept Design, New York City Economic Development Corporation, 2009
・Daniel Doctoroff, Greater than Ever: New York's Big Comeback, PublicAffairs, 2017
・Raymond W. Gastil, Beyond the Edge: New York's New Waterfront, Princeton Architectural Press, 2002
・Mitchell L. Moss, How New York City Won The Olympics, Rudin Center for Transportation Policy and Management, Robert F. Wagner Graduate School of Public Service, New York University, 2011
・NYC2012 Candidate City, New York City 2012: Candidature File for the Games of the XXX Olympiad, 2004

3-5

・The City of New York, Transforming the East River Waterfront, 2004

3-6

・Hudson River Park Conservancy, Hudson River Park Concept and Financial Plan, 1995
・City of New York Department of City Planning, Manhattan Waterfront Greenway Master Plan, 2004
・Friends of Hudson River Park, Hudson River Park Map, Hudson River Park History, 2000

3-7

・Henk Ovink, Jelte Boeijenga, Too Big: Rebuild by Design: A Transformative Approach to Climate Change, Nai Uitgevers Pub, 2018
・Rebuild by Design, American Printing Co., Rebuild by Design Report, 2015

4章 街路の広場化

街路を変革するには、あらゆる段階が流血するスポーツのようなものになると、痛感させられる。街路景観を立て直す事業は、安定した状態に自然としがみついている人々を動揺させる。たとえ、それが危険で非効率な安定であってもだ。逆に一度変革してしまうと、それが新しい標準になり、市民の期待する枠組みそのものとなるのだ。

ジャネット・サディク＝カーン『ストリートファイト』2016

4-1 70年に及ぶ街路の歩行者空間化

ニューヨークでは、歩行者空間化を契機として公共空間を支える組織や知見が生まれてきた。本節では、各年代ごとに出来事を整理し、現在の施策方針に与えた影響をまとめる［表1］。

1950〜60年代：インフラの拡充からコミュニティによる環境保全へ

戦後、ニューヨークでは、都市化に対応するためにインフラの量的拡充が進められた。ニューヨーク州・市の職員等として再開発を推進したロバート・モーゼスによる公園や遊び場の増設、これらの設計の標準化がその一端を示している。しかし、設計の標準化は一定の質を担保する一方で、空間の画一化にもつながった。同時期にモータリゼーションの進行、州間高速道路の完成、さらにレヴィットタウンに代表される大量供給型住宅の普及が重なり、郊外化にも拍車がかかった。その結果、中流階級層が都心から流出し、賑わいのある街路空間を構成してきた近隣商業が衰退した。60年代のモーゼスによる強力なトップダウン方式の都市再開発は、この都心部の衰退問題解決

	市長	歩行者空間	関連動向
1934	ラガーディア	-モーゼスによるトップダウン型 公園・遊び場整備（1934〜60） 例）ブライアントパーク再整備	-都市計画委員会、都市計画局設置（1938） -包括的計画（1938）
1946	オドワイヤー		
1950	インペリテリ		- ニューヨーク市開発法案（1950） レヴィットタウン（1951）等郊外住宅開発、州間高速道路の建設→中流階級郊外へ
1954	ワーグナー・ジュニア -都心スラム化 -住民活動萌芽 -公開空地増加	- ワシントンスクエアパーク車両走行禁止（1958） →公共事業に市民の意見反映するように - インセンティブゾーニング（1961） 容積率、建築面積を規定 モダニズム的発想→空地重視 （広場、公園、アーケード、屋内歩行者空間等）	- モーゼスによるリンカーンスクエア（1954）等スラムクリアランスプロジェクト - コミュニティボード設置（60 年代） - ジョンソン大統領・貧困と戦う事業計画（1964） 困窮した都心部の住宅需要や中小企業のニーズ →**コミュニティ開発法人（CPC）**（政府助成金財源 - ペン駅取り壊し →保存委員会（30 年以上の建物対象）設立（1965）
1966	リンゼイ -住民活動活発化 -メインストリート施策 -文化施策	- セントラルパーク車両交通規制（1966） - フルトンモール構想（1967） ← - オペレーション・メインストリート助成（1969） -5 番街歩行者天国（1970） - マディソン街モール化案作成（1972） - ミッドタウン事業：ミッドタウン警備強化（1972） -公園局と文化事業課の連携強化、フィルムメイキング事業	- 郊外ショッピングセンターの台頭 - ジェイコブズ・住民運動の結果 ロウアーマンハッタン高速道路中止（1969） -都市計画委員会およびホワイトによる プラン・フォー・ニューヨークシティ（1969） →モダニズム的計画を否定、実現に至らず - グリーンゲリラ（1973）等 コミュニティガーデン萌芽期
1974	ビーム	**スペシャル・アセスメント・ディストリクト**（1976） ＝地権者が維持管理負担している商業地でキャピタルプロジェクト実施・州管轄（フルトンモール、165 番ストリートモール等）	-財政危機（1975 〜） -市憲章（1975）→ ULURP コミュニティボードが土地利用の審査、評議、公聴会を行う - **プロジェクト・フォー・パブリックスペース設立**（1975） 30 〜 60 年代の公園・公開空地の問題指摘
1978	コッチ -財源危機に伴う 地域民間組織活動活発化	ミッドタウン・ゾーニング（1982） →面的な開発成長管理、前面道路に与えるインパクト、歩行者空間の設定強化 初の**BID組織**・市管轄 ← ユニオンスクエア・パートナーシップ（1984）	- タイムズスクエア周辺再開発 →ジルら：ディズニー化であると批判 - 財源危機（1987 〜） **公園管理（コンサーバンシー）** 民間移譲（80 年代）
1990	ディンキンス	安全な街路による安全な都市→パトロール強化	
1994	ジュリアーニ -BID見直し -治安対策	-BID支援、露天商規制 -割れ窓理論、タイムズスクエア浄化、コンプ・スタット（特定のストリートの監視） -BID のアカウンタビリティ等が問題に（1998 〜 01）	- リーグル・コミュニティ開発・規制改革法（1994） → CDC について基金による認証・支援、都市政策が市場依存型に転換 - ホームレスの人々への対応等、BID批判論（1995 〜 97） -9.11 テロ（2001）
2002	ブルームバーグ -地域民間組織活用	-PlaNYC：長期計画（2007） - **プラザプログラム**（2008 〜） - ミッドタウン青信号化プログラム（2009）	-「ラグジュアリーシティ」ビジョン -土地利用規制条例見直し - ハイライン開園（2009）
2014	デブラシオ	- セントラルパーク−プロスペクトパーク間の歩行者天国化（2015） -無許可パフォーマーを理由にタイムズスクエアプラザ廃止訴え - コロナ禍対策としてオープンストリート実施	-公営住宅政策

表1｜ニューヨークの歩行者空間化の変遷

を目指したものだった。

だが、長大な計画が既存コミュニティの環境を分断・改変することを懸念した住民らによる反対運動が盛んになった。ジェイン・ジェイコブズが中心的に活躍した運動がきっかけとなり、ワシントンスクエアパーク内の街路の交通規制が実現するなど、自動車交通と地域の関係を見直す動きが出てきた。時期を同じくして、コミュニティに影響を与える計画に対して住民代表の意見を反映させるコミュニティボードが創設され、全国各地で公民セクター間の取り組みのギャップを埋めるコミュニティ開発法人（CDC）が生まれた。同法人が実施する社会開発活動には、街路の活用も含まれていた。こうして、近隣地域単位で住民・民間が組織化し、主体的に周辺環境を守ろうとする動きが生まれるなか、街路の管理や活用が有効な方策の一つとして注目され始めた。

1970〜80年代：行政主導のメインストリート活性化から民間の担い手の出現へ

1969年のロウアーマンハッタン高速道路の計画中止がターニングポイントとなり、行政側も既存の近隣住区の環境に配慮した人間中心の都市像を目指すようになった。それに伴い、都心のメインストリートにおける活性化施策も採られるようになった。

アーバンデザインに力を入れたジョン・リンゼイ市政（1966〜73年）では、数々の実験的な施策が講じられた。郊外での大規模モールの台頭に対して、都心の小売店による小さなスケールでの経済振興を重視したオペレーション・メインストリート助成や、パブリックアートに対する支援制度、5番街およびマディソン街の歩行者天国・モール化構想などがその代表である。市は次第に財政危機に陥ったが、その後のエイブラハム・ビーム市政（1974〜77年）においても、ハード整備の受益者から負担金を徴収するスペシャル・アセスメント・ディストリクト（Special Assessment Districts：SAD）制度など、メインストリートに対する施策を継続した。民間側では非営利組織プロジェクト・フォー・パブリックスペースが創設され、プレイスメイキングの手法に関する調査・研究が本格化し、行政によるプロジェクトにも提言するようになった。

80年代も市の財政難は続き、公共サービスを代行する地域民間組織として、BIDや公園を対象としたコンサーバンシーが活躍し始める。BIDの主な事業内容は、清掃、治安対策、マーケティング、イベント開催、街路景観整備・美化・緑化、社会福祉、休日中のライトアップなどで、前出のSAD制度とは異なり、各事業の対象範囲を組織自らが設定できる。なかでも資金力のある組織では、地区の施設計画も自ら作成しており、民間組織による面的な空間計画や維持管理が高度化した。こうした民間側の意欲の高まりに呼応するように、インセンティブゾーニング〔5章〕により歩行者空間が確保されていった。ミッドタウンの開発では、従来の採光・通風を主とする建物の形態規制にとどまらず、街路に与える影響や歩行者動線を勘案して、①1階店舗の設置、②前庭整備・歩道拡幅、③街区内貫通街路の設置、④歩道切り下げの禁止、⑤地下鉄との接続階段の設置を特定の街区で義務づけた。

1990年代：治安対策の強化とBIDの役割の見直し

都心の治安対策は、行政によるコントロールが衰えていた80年代には、BID組織の役割の一つとして定着していた。その後90年代は一転して、財政の改善に伴い、行政が再びその役割を果たせるようになった。ジュリアーニ市長の下、都心部への中流階級層や観光客の呼び込みを目的として、割れ窓理論に基づく警察の動員が進められた。一方で、BIDは地域貢献策の見直しを迫られ、さらにはホームレス排除や、負担金等に関する説明責任について批判されていく。こうした批判を受けてきたBIDにとって、さまざまなユーザー層に能動的に利用機会を開くことのできる2000年代のプラザプログラム［4節］は目玉となる地域貢献活動となった。

2000年代：小さな空間再生の連鎖とオープンデータ化

系譜を総括すると、ニューヨークでは行政主導のメインストリート関連事業が相次いだ。しかし、近隣商業地区での成功はあったが、5番街などの大規模なモール化構想はトップダウン式で試行するも沿道テナントとの合意形成に失敗し、その後の財政難で、実現に向けた取り組みは継続しなかった。対照的に、80年代に始まった民間開発に伴うセミパブリックな小規模歩行者空間の創出が積み重ねられた。

情報開示	オープンデータ導入	すべての市民のためのオープンデータへ
1974年 ニューヨーク州情報自由法 例外除く、請求に応じてすべての政府情報の公開義務づけ 1989年 市憲章 公的情報およびコミュニケーションに関する委員会 1993年 国内初の公共データディレクトリ作成 デジタル化情報へのアクセスを支援する文書	2001年 情報技術およびテレコミュニケーション局システム構築 **2002年** **NYC 311構築** 非緊急ホットラインとして市民からの報告を受ける **2006～09年** **アクセスNYCやNYCマップ等公開**	**2012年** **オープンテータ法成立** 2018年までに公開可能なすべてのデータの公開を義務づけ 2015年 「オープンデータ・フォー・オール」発行 すべての市民が活用できるデータ運用方針

表2｜ニューヨーク市のオープンデータ構築状況

続くブルームバーグ市政では、モール化構想当時の調査データを活用するなど、先行の取り組みを基盤とする施策を展開した。なかでも、公有地である街路上に中・小規模の広場を民間の要望で設置できるプラザプログラムは、過去の反省点が活かされた取り組みである。また、小規模事業の積み重ねに価値を置く方針は、不確実性を増す近年の経済情勢にも適応するものだ。なお、タイムズスクエアの広場化［3節］も、規模は大きいものの、過去に議論されたモールよりはエリアを絞った取り組みと言えよう。

そして、公共空間の種別やコミュニティの構成に応じて設立されてきた地域民間組織は、再生を遂げた公共空間の運用に地域の文脈を反映させるマネジメントパートナーとして成熟しつつある。さらには、現場からの情報発信・レスポンスを容易にしたインターネット普及が、こうした地元主導のマネジメントのモチベーションを後押ししている。

インパクトの大きな大規模プロジェクトに比べると、小さな空間再生が効果を発揮し、かつ、その効果が認知されるには、地域内の課題との的確なマッチングが求められる。ブルームバーグ市政期には、表2中で太字に示すように、オープンデータとその集計値を簡単に視覚化できるプラットフォームの基盤が整えられ、続くデブラシオ市政でも引き続き運用されている。これらを用いて、地域活動のポテンシャルがある箇所、安全上の問題について専門的データの裏付けがとれた箇所、あるいは市民が主観的に不安を感じている箇所など、各コミュニティを相対的に比較し、地域の課題をあぶり出しやすくなった。これにより、市内に多数存在するプロジェクト候補地に優先順位をつけて、戦略的に投資することも容易になり、またその順位に対する説明も明快にできるようになった。

このように、ニューヨークでは過去の歩行者空間化事業に学びつつ、現代の新たなツールを最大限に活用しながら小さな空間再生を連鎖させていくアプローチを精緻化させてきた。（三浦詩乃）

4-2 都市改革の最前線としての交通局

ブルームバーグ市政下の行政部局の中で、最も大胆な組織変革を遂げたのは交通局だろう。ニューヨークの都市改革においては、公有地の面積を大きく占める街路空間の運用が自動車中心だった状況にメスを入れることが不可欠だった。市長のブレーンとしてこの改革を実行する大役を担ったのが、前交通局長のジャネット・サディク＝カーンである。彼女は、既存の道路管理と交通管理の技術者に加えて、他分野から人材を登用することで、街路空間の多面的な価値を引き出す施策を展開した。また、自転車文化のなかった市内に導入したシェアサービス「CitiBike」や自転車レーン、海外のBRTに学んだバス優先のコリドー整備など、その推進力は目にも鮮やかだ。さらには、パブリックアートで市民参加やインフラのイメージ変化を促す「DOTアート」や、ファニチャー等を用いた街路景観改善によって、都市計画行政のゾーニングに取り残されたエリアや高架で分断されたエリアを再生する「ELスペース」など、交通行政の幅も広げた。このように多様化した局の業務の全体像を示し、異なる専門性を持つ局員間の考え方のギャップを埋めるために「ストリートデザインマニュアル」［6章2節］も作成された。本マニュアルは、他の行政部局（地域経済、公園、歴史保全、保健衛生、デザイン・建設）との連携にも用いられ、バイブルとされている。その内容は、形骸化を防ぎ、レジリエンスなど社会的関心の高いテーマに対応するよう定期的に更新されている。

変革後の交通局の理念を象徴する取り組みが「NYCプラザプログラム」だ［4節］。ニューヨーク市で育まれた理念は、全米他都市の交通行政にも共有され始めており、こうした自治体間でのリーダーとなる人材のヘッドハンティングに加えて、前出のサディク＝カーン氏が理事を務めるNACTO（連邦都市交通担当官協議会）が人材育成を担っている。年に一度の「デザイニングシティ会議」の開催や、各市のマニュアル作成時に参照できるガイドの発行を通して、都市プランナーと交通技術者をつなぎ、「PLAN-gineer（プランジニア）」の育成を図っている。

（三浦詩乃）

4-3
タイムズスクエアの広場化
自治的に運営される世界水準の街路

「世界水準の街路」という政策コンセプト

ニューヨークにおける公共空間の創出において、道路空間の広場化が果たした役割は大きい。1章で述べたように、2007年に策定された「PlaNYC」には「すべてのニューヨーカーに徒歩10分以内に公園がある暮らしを提供する」という政策目標が盛り込まれていた。この目標は、「公園」を「オープンスペース」や「上質な公共空間」といった表現に読み換えられながら、全市域にわたってオープンスペース・公共空間の再編と創出を図る市の姿勢を支え、実際に成果指標として用いられてきた。交通局は、ジャネット・サディク＝カーン局長（2007年就任）のもとで2008年に策定した交通戦略計画「サステナブル・ストリート」にて、この目標に対応する形で「街路を社会的・経済的活動を涵養する生き生きとした公共空間と考えるアプローチ」が今日の世界の先進都市の標準であるとし、「世界水準の街路」というコンセプトを打ち出した。また2007年には、著書『建物の間のアクティビティ』で知られるヤン・ゲールの事務所に委託して、市内各所で公共

図1｜広場化される以前のタイムズスクエア（©Siegfried Layda）

図2｜ブロードウェイが広場化されたタイムズスクエア

空間・アクティビティに関する観察調査を実施していた。この調査に基づいてすでに交通局が着手していた道路空間の広場化などの実験的な試みの施策化への道筋をつけたのが、この交通戦略計画であった。後に、「世界水準の街路」政策は、ブルームバーグ市政の特徴であるイノベーションの嚆矢となったと評されることになる。

そして、その政策のシンボルとなったのが、ニューヨークのエンタテインメントの中心地タイムズスクエアにおけるブロードウェイの歩行者専用空間化＝広場化であった。マンハッタン・グリッドと斜行するブロードウェイが生み出す変形交差点（その形状から「蝶ネクタイ」と呼ばれている）は、かつては自動車と歩行者で極度に混雑していた［図1］。しかし現在は、42丁目から47丁目にかけて自動車が排除され、代わりに散りばめられたビストロチェアで多くの人々がくつろいでいる［図2、3］。

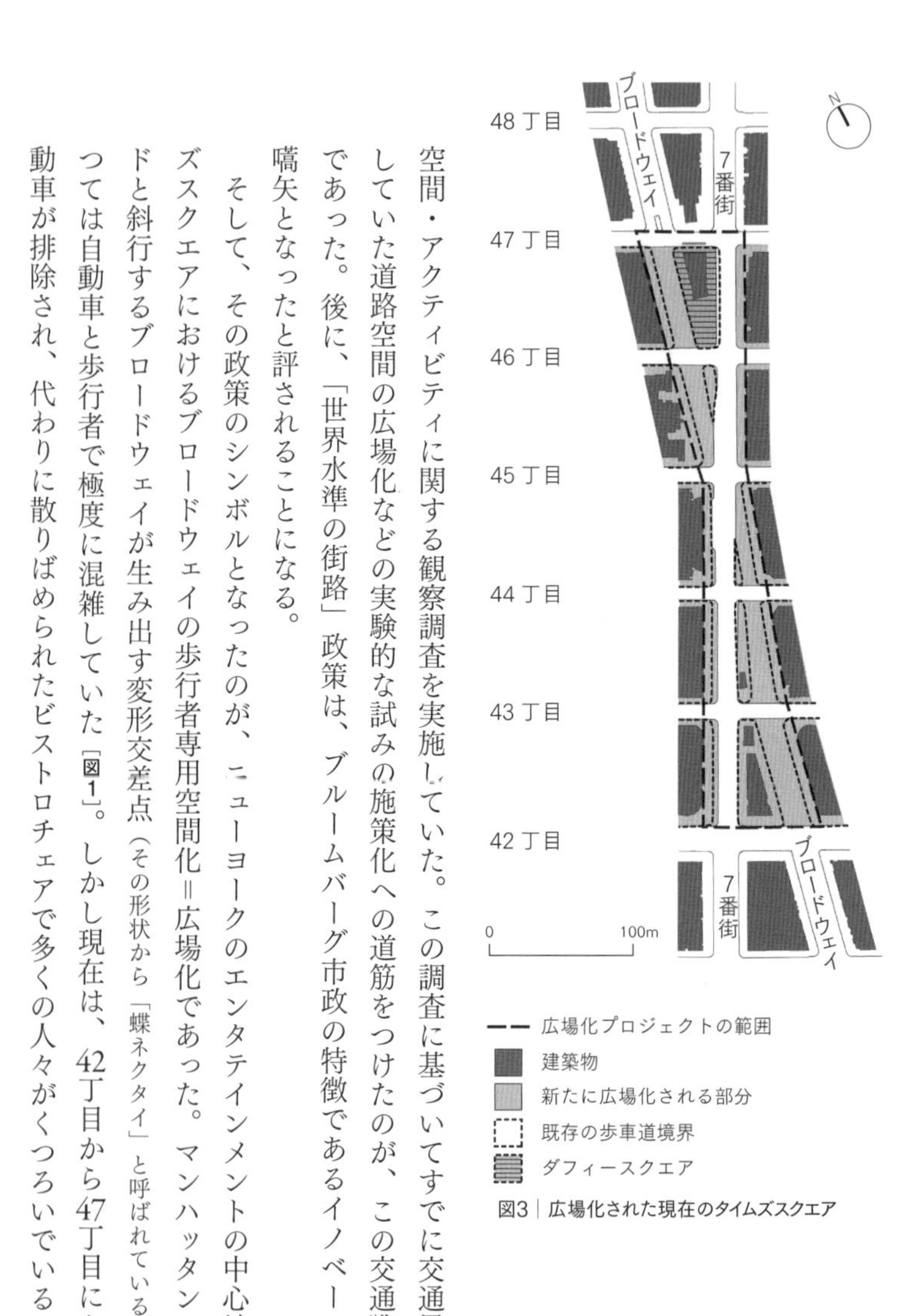

図3｜広場化された現在のタイムズスクエア

つまり、ブロードウェイは「生き生きとした公共空間」へと変貌を遂げたのである。

「素晴らしい公共空間をつくりあげる」ための三つの原則

タイムズスクエアの広場化において、この地域のBIDであるタイムズスクエア・アライアンス（Times Square Alliance：TSA）が果たしてきた役割は大きい［図4］。TSAは1992年にタイムズスクエアBIDとして設立され、90年代後半から歩行者空間拡張のための調査を開始した。2001年には、交通局がその活動に応える形で、仮設的に歩道空間を広げる改修事業を実施した。そして、2002年のブルームバーグの市長就任と時を同じくして、TSAはニューヨークの近隣公園の改善運動で高い評価を得ていたティム・トンプキンスを代表に迎え、活動の力点を街路清掃や治安維持活動から物的環境整備へとシフトさせることになった。ちょうど2004年は、「タイムズスクエア」の命名から百年という節目であった。ここからさらに十年以上の時間をかけて恒久広場化が実現することになるのである。

TSAは、2012年に設立20周年を迎えた際、犯罪数の劇的な低減、テナント賃貸価格および不動産価値の大幅上昇、週末の通行者数の大幅増加など、さまざまなデータに基づいて活動の成果を示した上で、「変化を生み出すための20の原則」を発表した。その原則のうち、最初の三つは「良いデザイン」「良いマネジメント」「創造的で一貫したプログラム」という非常にシンプルな原則で、それらは「素晴らしい公共空間をつくりあげる」というカテゴリーに分類された［表3］。「ここで言われている公共空間とは、言うまでもなくタイムズスクエアの広場化のことである。この時点ではまだ仮設の広場であったが、その効果が地域のBIDにははっきりと感じられていたのである。では、その広場化のプロセス［図5］について、詳しく見ていくことにしたい。

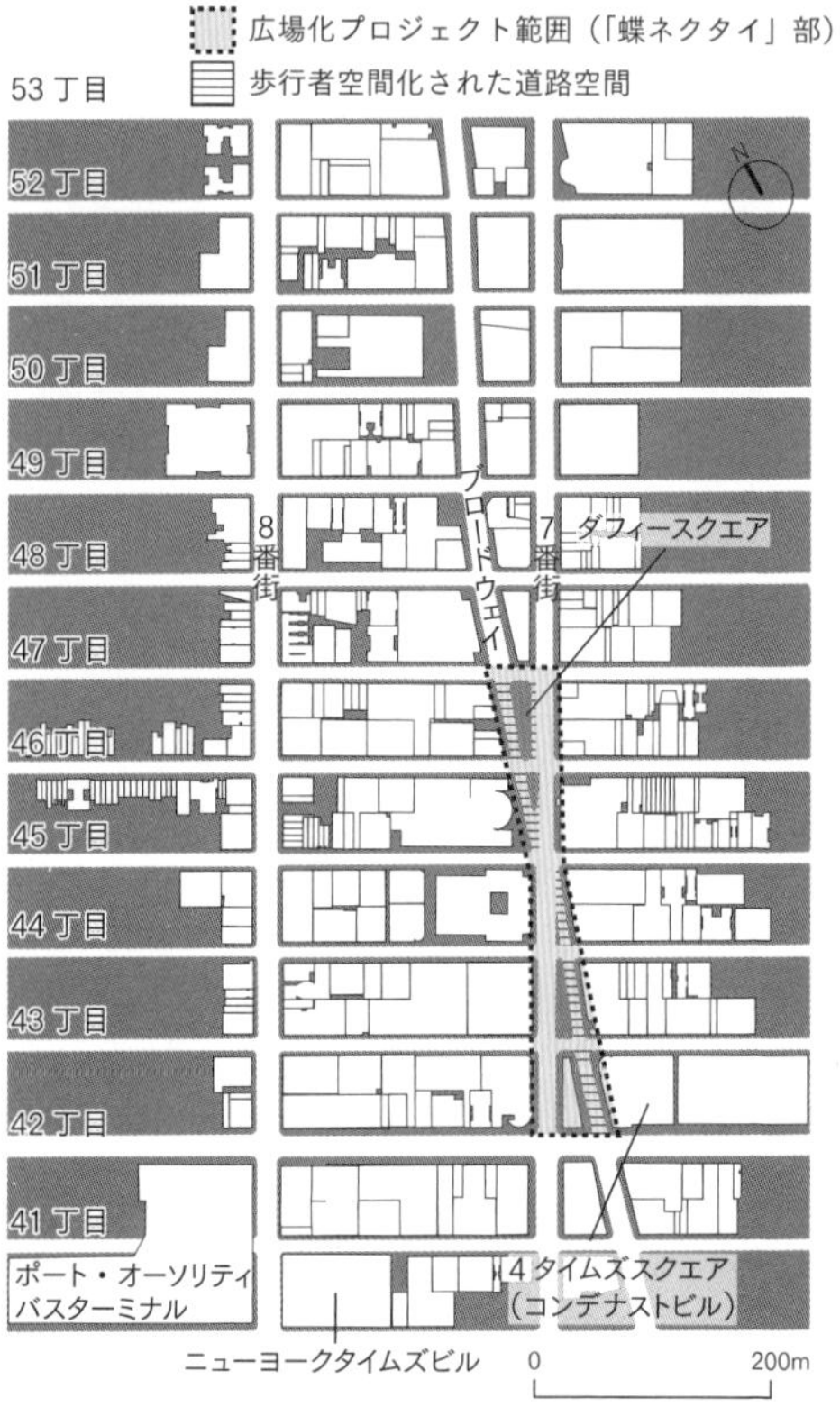

図4｜タイムズスクエア・アライアンスの活動範囲と広場化プロジェクト

1　良いデザイン
良いデザインはその場と周囲のコミュニティの希望と本質を表現する
2　良いマネジメント
ルール、清潔さ、安全、秩序と、適度なカオスや偶然性とのバランスをとる。このバランスを失えば、どんなに魅力的であっても、その場所は失われる
3　創造的で一貫したプログラム
その空間で起きていることがその空間に命を吹き込み、それを継続することがアイデンティティとオーディエンスを獲得する

表3｜「変化を生み出すための20の原則」における「素晴らしい公共空間をつくりあげる」ための三つの原則

（出典：Times Square Alliance, Twenty Years Twenty Principles, 2013をもとに筆者作成）

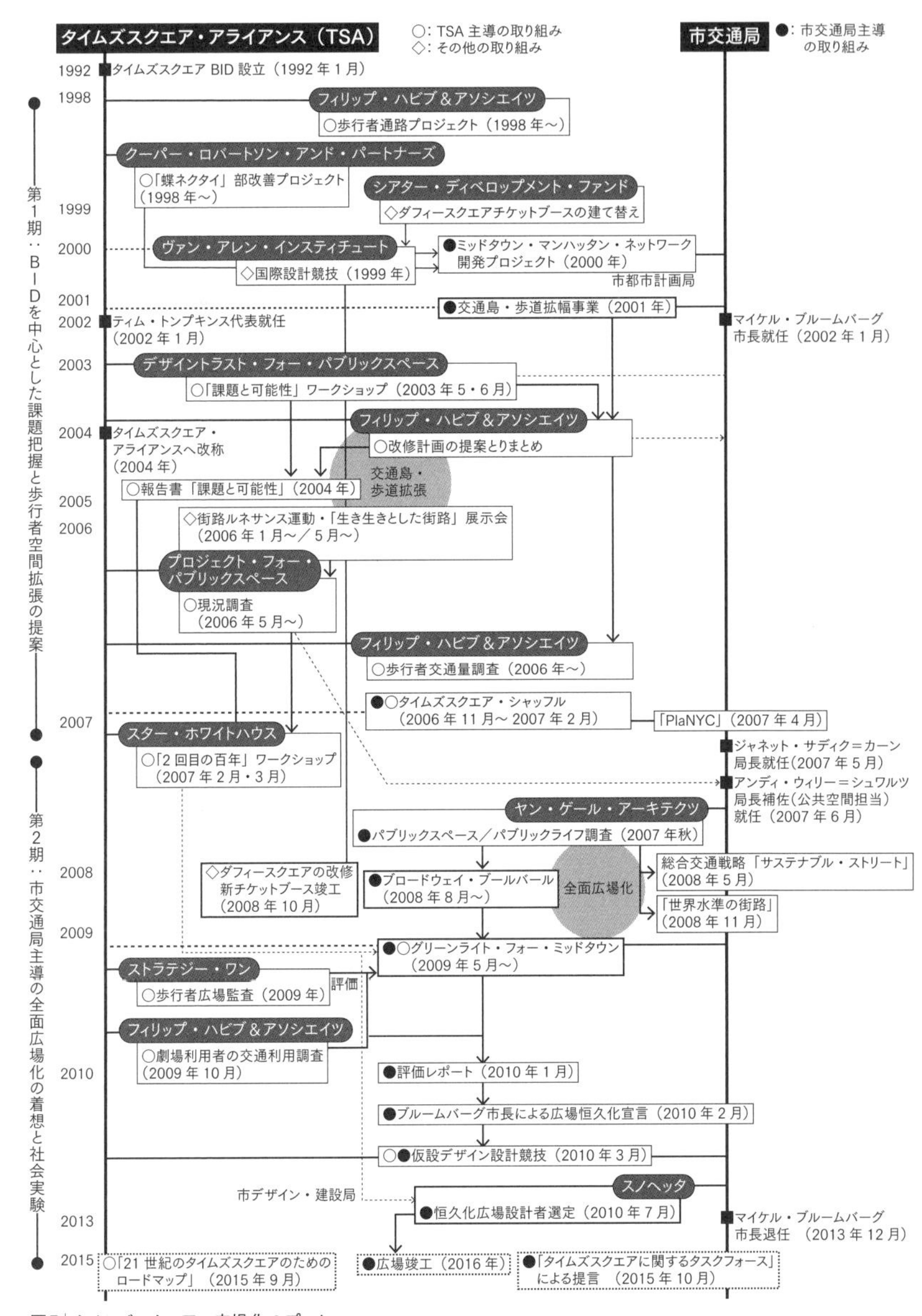

図5｜タイムズスクエアの広場化のプロセス

BIDと専門家の協働による調査・提案

タイムズスクエア命名百周年を迎えた2004年、タイムズスクエアBIDは、次の百年を見据えて、物的環境を根本から見直すことを決めた。まず最初の取り組みとして、2003年5月と6月の2回、デザイントラスト・フォー・パブリックスペースに運営を依頼して、「タイムズスクエアらしさとは何か、それを高めるためには何をすべきか」をテーマとする集中ワークショップを開催した。建築家、都市計画家、不動産専門家、芸術家、グラフィックデザイナー、市の交通局および都市計画局のスタッフ、TSAの理事会メンバーおよびスタッフら43名が参加し、これまでの百年間を振り返りながら、これからの百年を見据えた多様な意見が出された。

その後2004年にタイムズスクエアBIDから改称したTSAは、ワークショップの結果を受けて、交通エンジニアのフィリップ・ハビブに協力を依頼し、歩行者環境を改善するための交通再配分・歩道拡張・特別な舗装・放送/イベント設備の整備等をまとめて交通局に提案した。ワークショップの成果をまとめた報告書では、歩行者空間の拡張に関する方針として、従来から取り組まれてきた自動車と歩行者の錯綜と混雑に対する歩行者の安全確保に加えて、人々が憩える空間の創出が明確に掲げられた。この報告書は、その後TSAが市当局や民間企業に働きかけていく際の説明資料としても活用された。

続く2005年、プロジェクト・フォー・パブリックスペースをはじめとする民間3団体により、「自分たちの街路のありかたを再考する市民の力を刺激する」という目標を掲げた街路ルネサンス運動が開始された。また、2006年1月に開催された展示会「生き生きとした街路：ニューヨークの新しいビジョン」では、「ブロードウェイを再定義する」という刺激的なフレーズで問題提起がなされ、3千人にのぼる来場者を集めた。

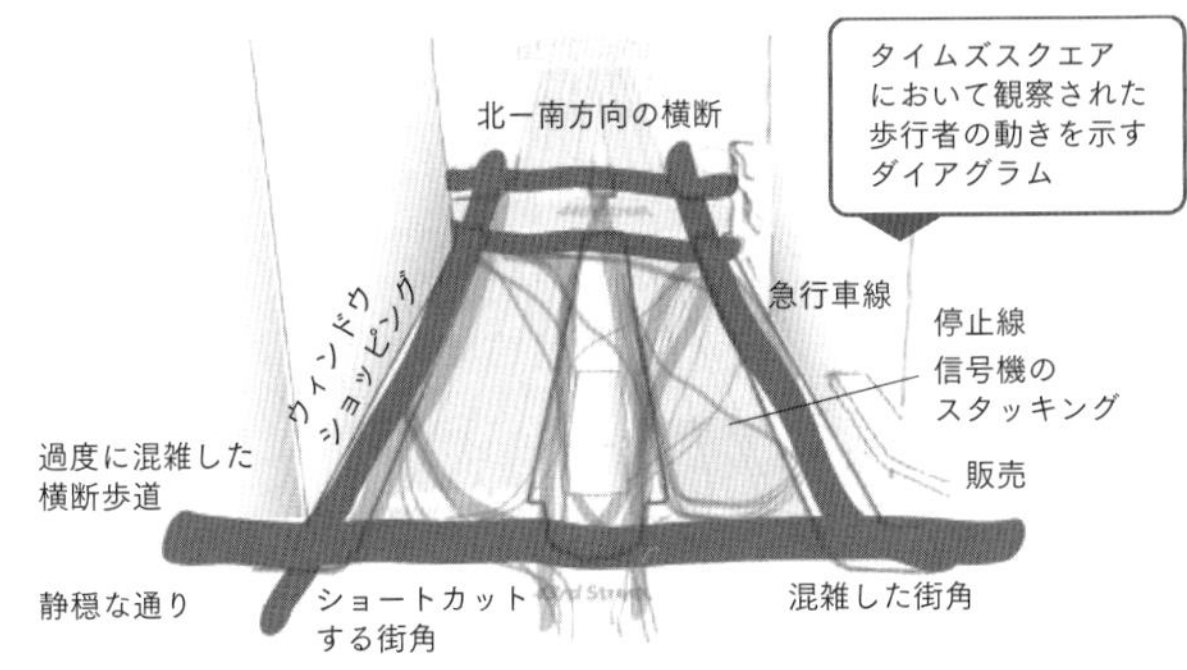

図6｜2006年の調査で把握されたタイムズスクエアの課題

TSAでは、2009年に実施が予定されていた市の街路改修事業を自分たちのビジョンを前進させる百年に一度の機会として捉え、交通局およびデザイン・建設局との間で「蝶ネクタイ」部の再編に関する協議を進めていた。一方で、プロジェクト・フォー・パブリックスペースにタイムズスクエアの現況調査を委託した。2006年5月から1年をかけて、コマ撮り分析、活動マッピング、追跡調査、ユーザー調査などが実施され、タイムズスクエアの現況を把握していった［図6］。そこでは、従来の交通混雑の解消を目的とした交通量や交通流の調査を一歩進め、先のワークショップの成果として掲げられた「場をつくる」という基本方針を前提として、街路を公共空間として捉えた調査が行われた。その結果として、歩行者の詳細な行動調査に基づいて歩行速度や行動別の動線設計、ストリートファニチャーの再設計といった具体的な方針、さらには単なる交通混雑の解消にとどまらず、目的地としてのタイムズスクエアの可能性を引き出す方針が打ち出され、「広場としてのプログラム」を組み込むことを前提とした活用方法の再編が導き出された。

続けてTSAは、先述のフィリップ・ハビブにタイムズスクエア周辺の歩行者交通量調査を依頼し、交通計画の観点からより具体的な改善策を検討していった。その検討を踏まえて、交通局はTSAとともに、2006年11月から翌年2月にかけて、歩行者空間を拡大する社会実験「タイムズスクエア・シャッフル」を実施した。ブロードウェイと7番街との車線の交差を規制することで歩行者空間を42%拡張し、新たに公共空間として活用するという内容であった。この実験により、それまで議論されてきた提案が仮設ながらも実現されたことで、タイムズスクエアの環境改善に関する議論が次のステップに進むことになった。

交通局の参入と広場化の社会実験

続く2007年には、TSAが「2回目の百年：蝶ネクタイの再検討」と題したワークショップを開催し、建築家、ランドスケープアーキテクト、都市デザイン事務所など七つの専門家チームを招聘して将来の空間デザインの提案を進めた。そして2007年5月、ジャネット・サディク＝カーンがニューヨーク市交通局の局長に就任する。新局長の任務の一つが、「PlaNYC」で公言された「すべてのニューヨーカーに徒歩10分以内に公園がある暮らしを提供する」という政策目標を実現させることであった。交通局は、先に言及したように、交通戦略計画「サステナブル・ストリート」、ヤン・ゲールが主宰するゲール・アーキテクツによる調査成果である「世界水準の街路：ニューヨークの公共領域をつくりかえる」など、次々と新たな視点を打ち出した。そして、タイムズスクエアの交通混雑の改善についても、「世界水準の街路」というコンセプトに則って、検討が深められた。そして、ヤン・ゲールからのアドバイスやコペンハーゲンなどでの取り組みから影響を受けつつ、70年代に提案されたタイムズスクエアのモール化計画、先の社会実験から発想のヒントを得て、「蝶ネクタイ」部の自動車の完全排除、全面的な歩行者空間化に踏み出されたのである。

2008年8月、交通局はミッドタウンのブロードウェイ全体にわたって、一晩で道路空間を広場に転換させる「一夜広場」を整備することを決定した。まずは、粉砕砂利やペイント、マーキング、サイン、プランター、テーブル、椅子、アート作品などの簡易な仕掛けを用いて、自動車交通上必要のない空間を「広場」につくりかえる「ブロードウェイ・ブールバール」プロジェクトが実施された。そこでは、TSAを含む沿道の三つのBIDと協働し、「蝶ネクタイ」部の南側にあたる35丁目から42丁目の間で車道を減らし、自転車専用レーンや2千㎡を超える帯状の歩行者広場が設置された。さらに、22丁目から25丁目にかけてのマディソンスクエアパーク沿いの交差点では、フラットアイアンBIDと協働し、自動車レーンを整理し、交通島を広場に転換させた。

こうしてタイムズスクエアの「蝶ネクタイ」部に隣接するブロードウェイの一部広場化が進む一

方、交通局では全面広場化の実現に向けて関係者とのさらなる調整を行っていた。そして2009年2月、ブルームバーグ市長より、タイムズスクエアにおける広場化実験の実施が公式に発表された。同年5月に開始された社会実験は、「グリーンライト・フォー・ミッドタウン」と命名された。その目的は、ブロードウェイ上の複雑な交差点が引き起こす混雑と事故の解消であり、加えて「世界水準の街路」の実現が掲げられた。実験内容は、タイムズスクエア（42丁目から47丁目）およびヘラルドスクエア（33丁目から35丁目）沿いのブロードウェイから自動車を完全に排除し、歩行者専用空間化するというものであった［図7、8］。さらにコロンバスサークルからマディソンスクエアまでの区間において、道路空間の配置の変更、信号のタイミングの調整、横断歩道の短縮化、駐車規制の変更など、広場化に必要な種々の施策も一体的に実施された。

2010年1月、交通局が半年間に及んだ社会実験の評価レポートを公表した。周辺交通への影響、歩行者の安全性への影響を中心に、あらかじめ設定した具体的な指標に基づき、実験の成果を定量的に評価する内容であった。一方、TSAでも、交通局とは別に検査を実施し、この社会実験の評価を行った。タイムズスクエア内の就業者、来訪者、住民、店舗マネージャー、不動産オーナー、広場利用者らに対して広場化に関する評価を尋ねる調査であった。この調査により、市民の75%、郊外居住者の63%、タイムズスクエア内の就業者の63%、店舗マネージャーの68%が広場の恒久化を支持していること、タイムズスクエアでの体験に満足した人の割合は2007年の47%から74%に上昇したことなどが明らかになった。さらにTSAは、ブロードウェイ外の劇場の来場者の交通手段や到達時間についての調査も行い、改善されたと答えた人の割合は32%にのぼった。

こうした結果を踏まえ、交通局の評価レポートでは将来的に恒久広場として整備していくことが提言された。そして2010年2月、ブルームバーグ市長が広場の恒久化を宣言した。また、同年9月には、ユニオンスクエアに接する17丁目付近にも新たに広場が生み出され、マディソンスクエアとの間で道路空間の再配置が実施された。広場化されたタイムズスクエアは、ミッドタウンの骨格をなすブロードウェイの広場帯の中心に位置づけられることになった。

その後2010年秋には、恒久化するタイムズスクエア広場の設計者として、9／11メモリアルミュージアムを手がけたノルウェーの設計事務所スノヘッタが選出された。スノヘッタは、「蝶ネクタイ」部の屋外ステージとしての機能を強めるために歩行者空間を整理し、路面には明快でシンプルなプレキャストコンクリート製の舗装材を用いることを提案した。舗装材には5セント白銅貨サイズの鉄の円盤が埋め込まれており、タイムズスクエアの特色である看板のネオンで輝く仕掛けが施されている。また、花崗岩のベンチが広場に方向性を生み出すように置かれた。

都市空間を自治的に運営することが最大の都市改革

2015年の夏、広場化されたタイムズスクエアで、トップレスの女性やキャラクターの着ぐるみを着た人たちによる強引なチップビジネスが横行しているというニュースが報道された。そんな

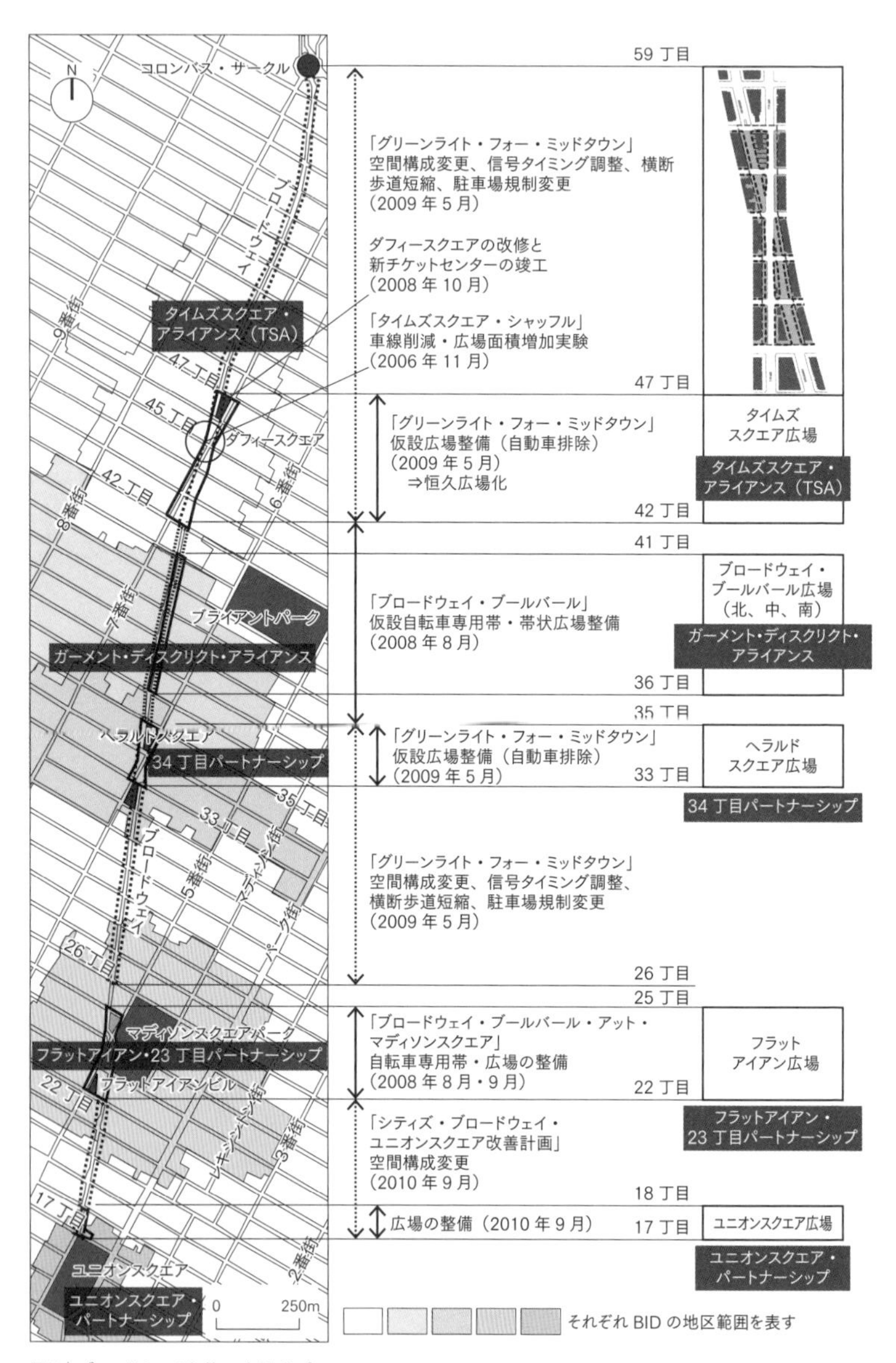

図7 | ブロードウェイ全体の広場化プロセス

図8｜広場化されたブロードウェイ・ブールバール

なか、そうしたニューヨークの品位を貶めかねる行為に対して当時のデブラシオ市長が「広場の廃止もありえる」と発言したことが、広場化を支持してきた人々からの強い反発を引き起こした。

市では市長と警察局長をヘッドとするタスクフォースチームを設置し、対策を検討した。その一方で、広場化の際と同様にTSAが中心となり、市の検討に先立ち、自主的に「21世紀のタイムズスクエアのためのロードマップ」という提言書を公表した。チップビジネスの問題に加えて、ピーク時の歩行者混雑、劇場地区全体での深刻な交通混雑などの解決を目指すものであった。さらに、ブロードウェイ広場を「タイムズスクエア・コモンズ」と名づけ、道路とは異なる広場として法的に位置づけ、その上で広場を三つのゾーンに区分し、独自のルールを定めることを提案した［図9］。

2015年10月には、市のタスクフォースチームが検討結果を公表した。そこでは「タイムズスクエアだけでなく、すべての公共空間を対象として、常識的な時間・場所・マナーに関する規制を行えるよう交通局の権限を強化する」「タイムズスクエアを『公共空間』に指定し、その重要性と独自性を成文化する」「歩行者のための広場に、より多くのプレイスメイキング・プログラムを導入する」といった方針が示され、TSAが先に公表していた提案も反映されていた。そして、この報告を受けて広場に関する条例が制定され、2016年6月にはパフォーマンスが可能な場所を示すペインティングが路面に施された。

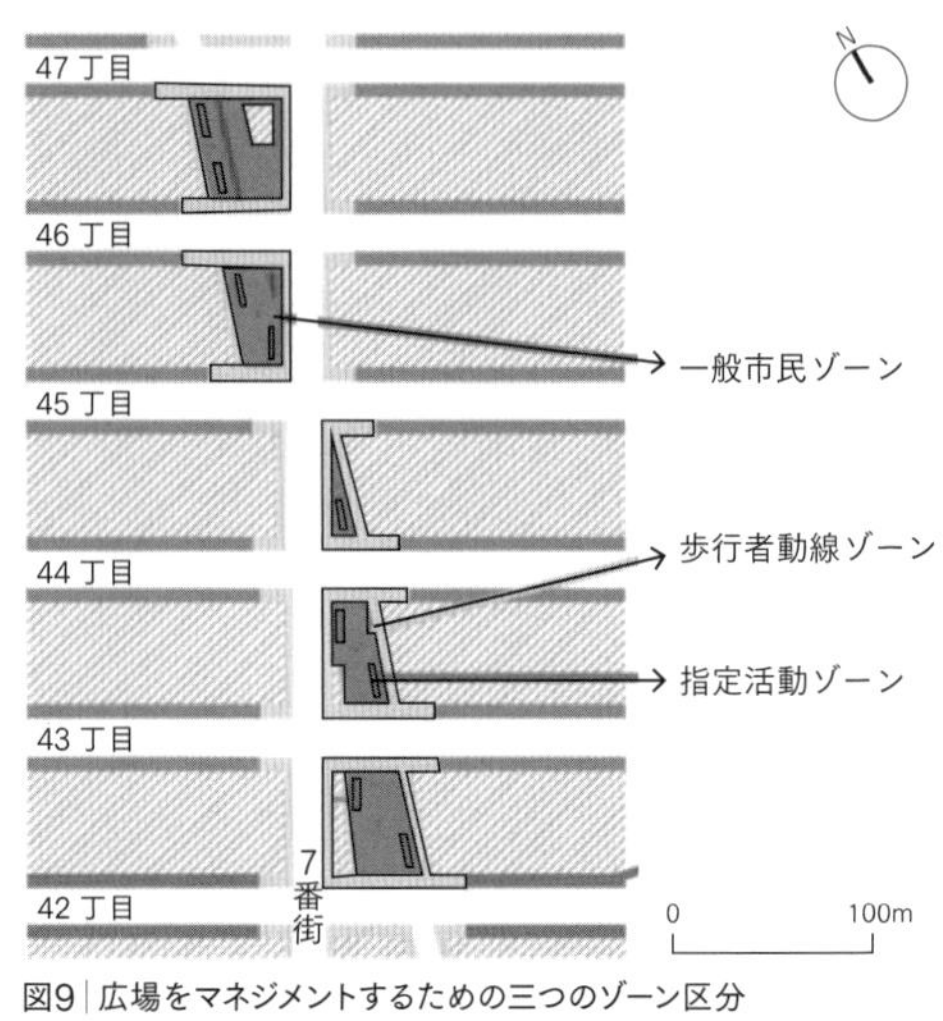

図9｜広場をマネジメントするための三つのゾーン区分

つまり、恒久広場化されたタイムズスクエアにおいて、さらに広場化のプロセスが継続していたことを意味する。道路空間の広場化とは、物的空間の再編にとどまらず、その後の持続的な自治的運営の取り組みをも含む一連のプロセスを指している。そうした空間運営の再編こそが、ブルームバーグ市政時代にニューヨークが成し遂げた都市デザインの最大の改革だったのである。

2020年を迎えてしばらく経ってから、タイムズスクエアの現在の映像が日本にも流れてきた。そこにはあれほど集っていた群衆の姿はなかった。パンデミック下の公共空間の寂れた風景が広がっていた。

そんな状況下にあった2020年11月19日、TSAの年次総会が開催された。そこでは、公共空間の大事な役割がこれまでになく明らかになったことが示され、「パブリックスペース・マネジメント」のあり方が主要な議題とされた。ただし、TSAの視野はやはりタイムズスクエアだけではなく、ニューヨーク全体に向かっていた。

TSAは、「コミュニティ、市民団体や文化団体、住民や近隣ビジネスに活力を与える公共空間」「近隣の資源に関係なくすべての人が利用でき、十分な資金を有する平等な公共空間」「誰もが不安や脅威から逃れられる安全な公共空間」「多くの競合する要求に対して貴重なリソースを公平に割り当てる明快なシステムを通じて適切に共有された公共空間」「アーティストやデザイナー、ミュージシャン、起業家の文化的でクリエイティブなエネルギーを支える創造的な公共空間」など、そうした公共空間を生み出すための「公共空間ビジョン」の必要性を主張した。加えて、その具体策として、「公共空間担当の副市長やアドバイザリー委員会を設置する」「経済回復過程における街路・歩道・広場の役割を再検証する」「罰則による規制ではなく、マネジメントやモニタリング、コンプライアンスを促進させる」「路上でトラブルを起こす人々に対してメンタルケアを実施する」などを提示したのである。

コロナ禍を経て今なお、タイムズスクエアはパブリックスペース・ムーブメントの中心地であり続けている。

（中島直人）

4-4

NYCプラザプログラム

社会のレジリエンスを高める街路の広場化

ニューヨークでは2008年以降、70カ所以上のプラザ（街路上広場）が創出されてきた。タイムズスクエアのような著名な商業地や業務地にとどまらず、市内各地の生活に寄り添うように広場を設けたことで、市民のアクティビティが活性化し、歩行者や自転車が街の主役になっていった。プラザの計画から活用という一連の流れを支えるのが、「NYCプラザプログラム」だ。そのプログラムが実現した背景には、人間中心の街路づくりに舵を切った交通局の強い決意がある。同局のあるスタッフは、「プラザは、街路と異なる場ではなく、街路上で実現する必要があった。それはこれまでの空間の理念を変えるためだ。街路は地域の真の公共空間として機能すべきだ」と語る。

プログラムのしくみ

プラザプログラムの施策化は、タイムズスクエアを含む「パイプラインプラザ」と呼ばれる社会実験群の成功を経て実現した。当プログラムは、先進事例の成功を目の当たりにして、コミュニティへのプラザの導入を希望した地域民間組織に申請してもらうことで成り立っている。整備は市が行うが、その後の活用とメンテナンスは地元で主体的に行うことが条件だ。申請条件としては、地元のステークホルダーのうち最低8者(2019年現在)からの支援表明を集める必要がある。これによって、活用段階での合意形成などで揉めるリスクが抑えられている。また、選定された民間組織は、交通局のパートナーとして協定を結ぶ。イベント活用やベンダー業者からの収入を管理運

エリア	オープンスペースが不足した地域	30点
	低所得者居住地	10点
申請者	これまでのコミュニティでのイニシアチブ発揮	20点
	管理運営能力への期待	20点
	地域のコンテクスト反映	20点

表4｜プラザプログラムの審査基準

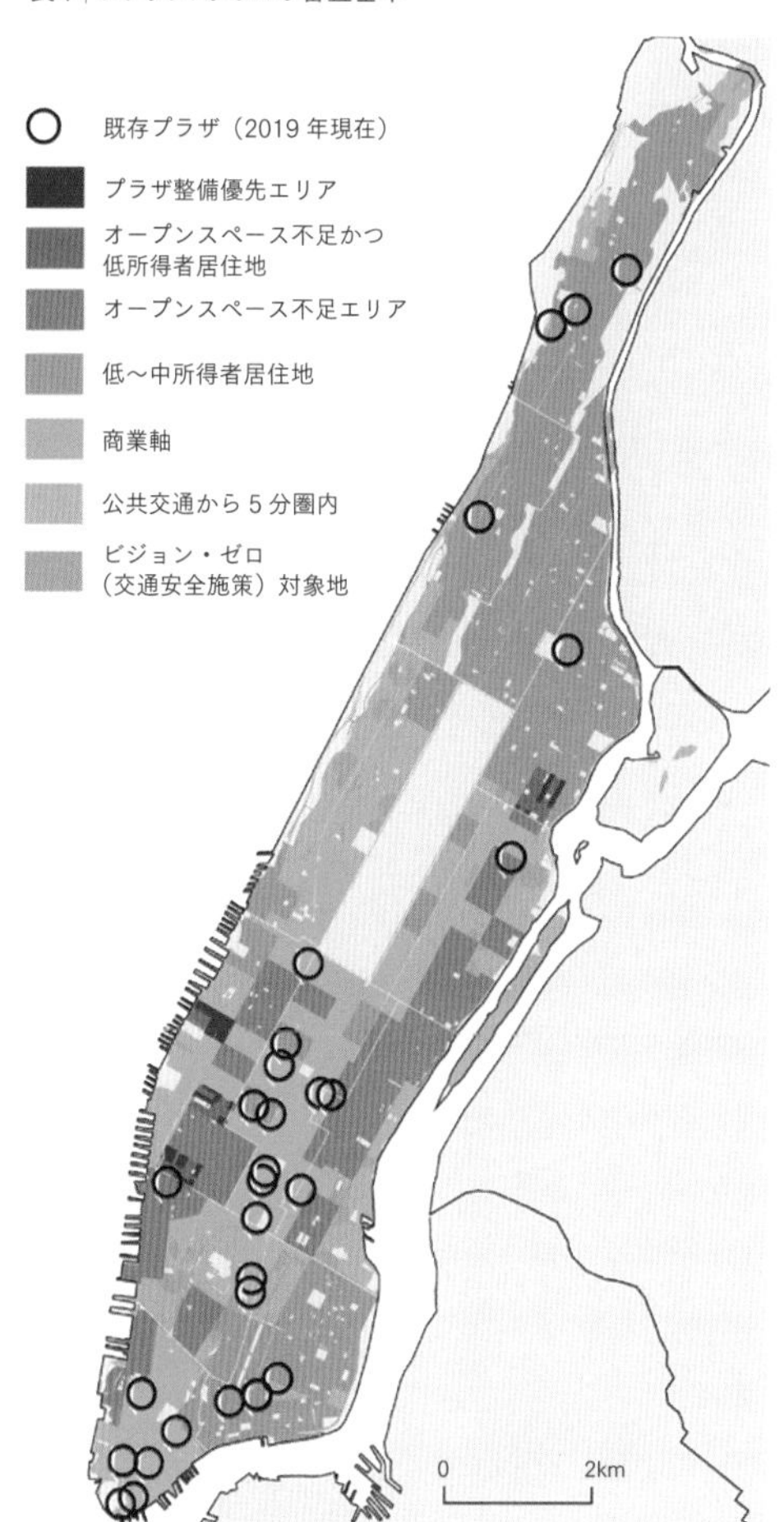

図10｜マンハッタン内のプラザ整備の優先エリア
(出典:ニューヨーク市交通局の資料に筆者加筆)

営に充てたい場合には、別途専門委員会との協定も必要となる。

社会的公正を考慮したプログラム運用

プラザには、ブルームバーグ市政の長期計画「PlaNYC」に示された①市民の徒歩10分圏内でのオープンスペースの確保に加えて、②交通安全と円滑化、さらにプラザの運営を地域に任せることを通じた③コミュニティの結束や地域経営能力の強化も期待されている。審査は、①〜③の観点からのマッピングに基づく優先度と、地域民間組織の運営力を照らし合わせて行われる［表4］。

こうした基準に基づく審査では申請主体の運営力や人的資源が問われるので、既存のBID組織が有利だ。BIDの大半は10㎢以上のエリアをマネジメント対象としていることから、申請時点ですでに面的に合意形成ができた状態にあり、プラザ化に伴う交通動線の変更も行いやすい。BIDは主に有力業務地の民間主体によって構成されているが、PlaNYCの目標設定を満たすには、特定の土地利用エリアや中・高所得層エリアへの偏在は避けて、図10に示した優先エリアに整備したいところだ。たとえ経験が不足していても、プラザの申請を機に新たに地域活動を実践したいという意欲のある組織にも、裾野を広げておくことが望ましい。そこで、交通局が提携する中間支援組織と組むことで、財源や経験の乏しいコミュニティも手を挙げられるようにした。そこでは、「ネイバーフッド・プラザ・パートナーシップ」（NPP）や「ホームレスのためのACEプログラム」といった職業訓練・人材派遣の専門性を持つ非営利組織が、プラザの運営に必要なスポンサー、プロモーションやイベントに関するマネージャー、ボランティアの紹介、メンテナンスへの人材派遣などを担っている。2020年現在、このしくみは「OneNYCプラザ公正プログラム」と称され、30カ所を上限として、サポートを求めるプラザを募っている。

その結果、BIDや移民コミュニティ等での起業支援や街路整備を含む開発をミッションとするコミュニティ開発法人など、公共空間の維持管理経験のある組織による運営が約6割を占める一方、多様な組織が運営に携わっている[図11]。なかには、プラザの整備に合わせて公共空間の管理を目的とした新規団体の発足も見られる。また、用途に着目すると、商業・業務系エリアが約35%、住宅系が約33%、混合用途系が約19%と、特定の土地利用に偏ることなく立地していることもわかった。

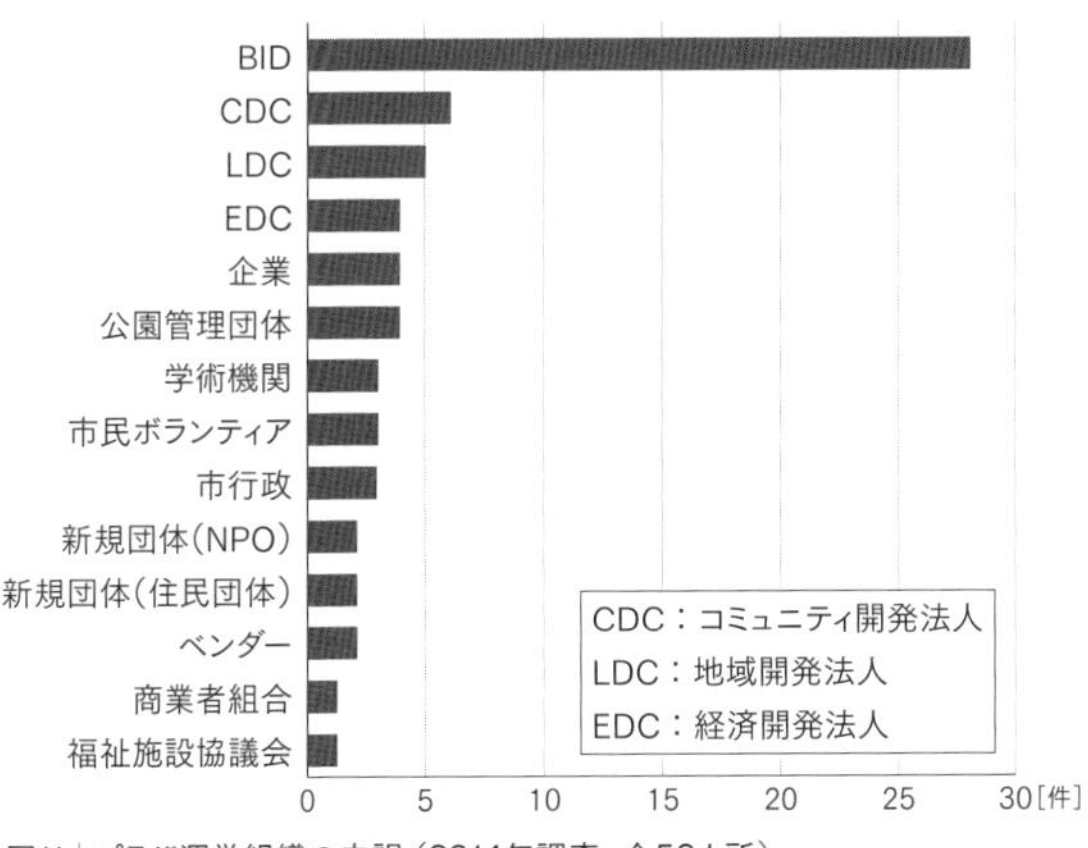

図11｜プラザ運営組織の内訳（2014年調査、全56カ所）

プラザのデザインの特徴

多数のプラザに共通するデザインの特徴について触れてお

きたい。以下に挙げる①〜④のように、各所にプレイスメイキングの知見が活かされ、地元でマネジメントを継続しやすいように配慮したものになっている。

①車道や駐車空間、交通島の一角を再整備することにより、自動車から人のための街路とする。プラザによっては、バス停やシェアサイクルのポートを併設する。

②広場の路面はペイントで即座に仕上げられる。まずはプラザの居心地を体験してもらい、地域関係者の合意が得られた場合にのみ、高質化のための再整備を行う。高質化においては、グリーンインフラのショーケースとしての整備、コミュニティの文脈を活かしたモザイクアートの設置など、デザインの個性や地域性を高めることを重視する。

③ペイントされた路面の上に、ブライアントパークにあるような可動椅子を置くことで、利用者が自由に座る場所を選ぶことができる。車止めにもなる植栽鉢や、他の土木プロジェクトで使用されていた資材を再利用した石材で縁取られている。

④プラザの8割以上は、日本の街区公園の下限面積（2500㎡）よりも小さい。市に申請すれば、地域活動のための「ブロックパーティー」や子供たちの遊び場となる「プレイストリート」と呼ばれる1街区分の歩行者天国化を実施できる。プラザはそれらと同規模の、地域住民に馴染みのある空間スケールである。

特に④のように、地域が「マネジメントにチャレンジできそうだ」と思えるコンパクトさでありながら、多様な活用方法がとれる最低限の規模を確保している点が大きな特徴だ。プラザでは、

図12｜定期的なマーケットの開催（ヘラルドスクエア前のプラザ）

図13｜パブリックアートの設置（ブロードウェイ沿いのプラザ）

マーケットや演奏・ダンス、キオスク・カフェ、アート作品の設置といった活用が推奨されている［図12、13］。日本での比較対象となるのが、一時盛んに整備されたポケットパークであろう。それらは民間開発の残余地や歩道上などに整備され、300㎡未満のものが多い。だが、このサイズでは滞在して利用しにくいため、日常的なケアに対するモチベーションも落ち、メンテナンス上の問題が発生してしまう。対して、ニューヨークのプラザは、約185㎡を確保すれば申請できることになっているが、実際には最小限面積よりも広めに整備されている。ベンダー設置を想定したプラザ（計32カ所）に着目すると、8割が500㎡以上を確保している。

人のアクティビティを活性化するデザイン

プラザでは、日本の街路事業で常識とされてきたような街並みに馴染むような景観的配慮がなされているわけではない。むしろ、ポップな色使いが目を引く。景観の統一性や格調の高さは沿道建物が担い、プラザ側では人のアクティビティの活性化を最優先している。

住民や就業者が利用するポテンシャルの高い立地を選ぶことも、その「人の景」がさらなる利用者を引き寄せている。立地状況を調査すると、プラザの4割以上が125～250人／haのエリアにあった。市全体の人口密度はおよそ100人／haであるので、比較的人口密度の高いエリアが選定されていると言える。歴史的資源・眺望資源との位置関係に関しては、全体の約4割のプラザにおいて、半径300m圏内にそうした資源が存在する。マンハッタンに絞ると、同圏内に観光資源があるプラザは約7割にのぼる。さらに、隣接する建物の用途は、9割が商業施設あるいは飲食店であり、住宅街に整備する場合にも商店が並ぶ通り沿いが選ばれている。たとえば、ブルックリンの住宅街にあるファウラースクエアプラザでは、エリアのメインストリートであるフルトン通りにある広場と前面の飲食店とをつなぐような形でプラザが整備されている［図14］。

このように、プラザプログラムでは、街路上で計画を完結させるよりも、多様な形状をとりながら既存の空地・公園・橋詰め・公共施設等を拠点としてプラザを整備・管理し、さらにそれらへのアクセスと利便性をも一体的に向上させている［図15］。さらに、住民や就業者にとって馴染みのある空間を居場所として再生し、集まりやすさや地域活動のしやすさを備えた空間計画がとられている。日本では、広場と言えば、新規再開発区画内に整備された、いわゆる「まちなか広場」を想像されるかもしれないが、隣接街路と広場とで管理者や空間計画のコンセプト等が異なる場合がある点で、プラザとは対照的である。

交通ネットワークとプラザの関係

プラザは、先に示した通り、市内の交通安全を目標として、交通静穏化の効果も狙ったものでもある。そこで、公共交通や自動車交通との関係から見た特徴も整理しておく。まず、およそ4割が

図14｜カフェ（左奥）に面したファウラースクエアプラザ

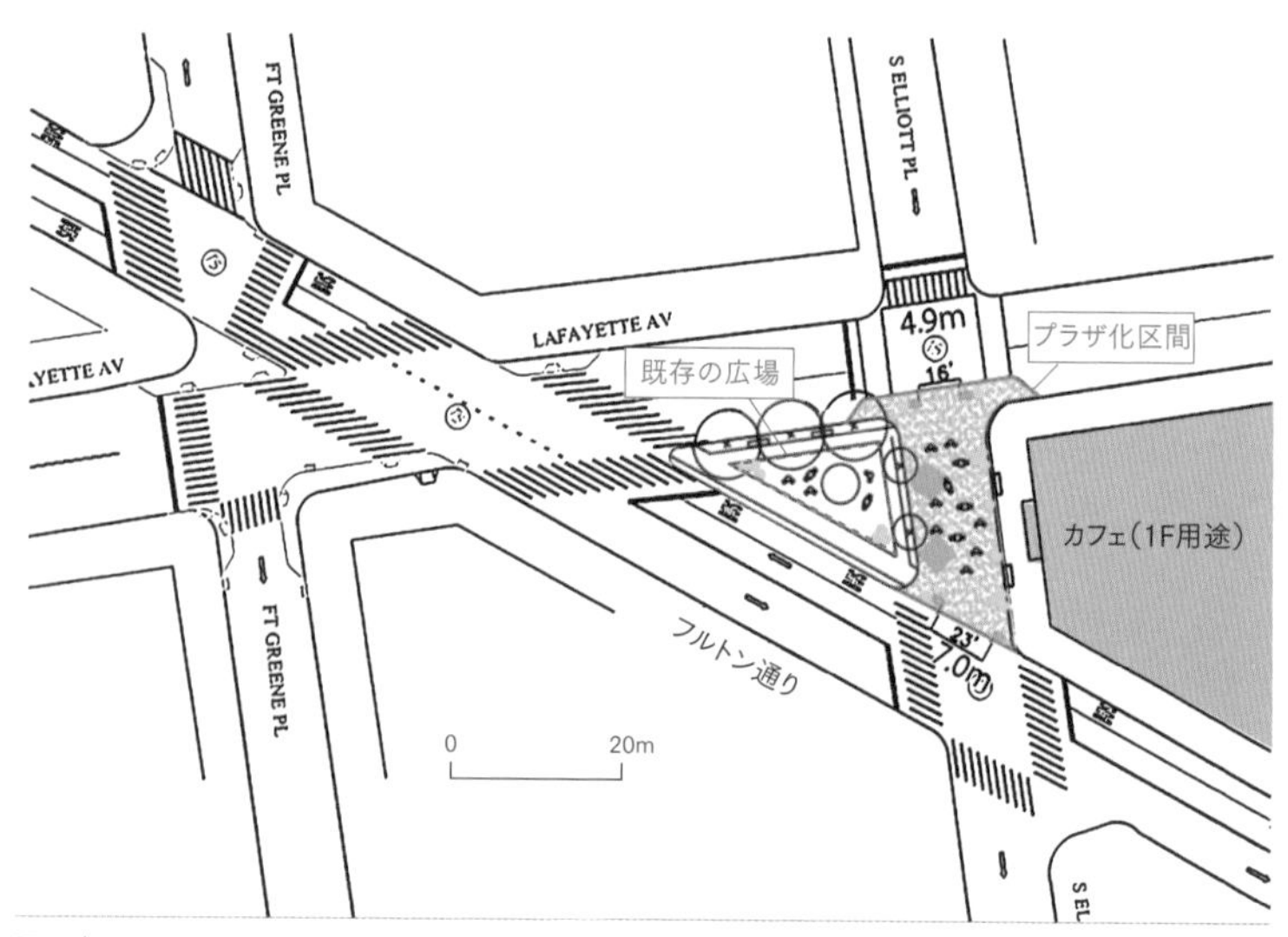

図15｜ファウラースクエアプラザ平面図（出典：NYC DOTの図面をもとに筆者作成）

メトロ、8割がバス停に隣接しており、公共交通へのアクセスは良好と言える。また、地元との調整の末、既存の街路の規格や再配分による沿道アクセスへの影響の大きさに対応する形状が採用されている。その形状は、先に記載した四つのデザインの特徴を満たしながら、周辺の状況に応じて柔軟に決定されており、タイプとしては次の八つに分類できる。①大学や鉄道駅等の大規模施設や地域の代表的文化施設に面した1街区を対象とする「全車線転換型（2〜4車線）」、②既存の公園や（路外）広場に接する街路空間と合わせて再整備する「既存の公園／広場一体型」、③飲食店や商業施設に隣接する「一部車線転換型（1〜2車線）」、④「交通島拡張型」、⑤「公開空地／公共施設敷地型」、⑥路上駐車スペースや橋詰め等を再活用した「低・未利用地転換型」、⑦「高架下型」、⑧交差点の形状が特に複雑な場合に複数の型を組み合わせた「複合型」の8タイプである。

この八つの類型別に道路の再配分と沿道アクセスの利便性の状況を整理すると、一般に合意形成のハードルが高い全車線の再配分を伴う類型①と②では、元来の街路規格から見て沿道アクセスへの影響が小さく、かつ徒歩交通の集中が見込まれる立地で実現している。プラザの整備以前から歩行者天国や街路活用の取り組みを行ってきた実績のある事例は、これらに含まれる。特に類型①に関しては、各行政区を代表するメインストリート沿いに整備されていることが多い。この場合、ニューヨークならではの碁盤の目の街区にメインストリートが斜めに交差することで出現した複雑な形状の交差点で動線を見直したり、建築には不向きな交差点周りの三角形状の敷地をうまく活用する動きも誘発している。一方、幹線道路に立地する割合が他よりも高い類型③、あるいは自動車利用者への影響が大きいと見られる類型④と⑧では、車線削減は一部ににとどまっている。

地域によるマネジメントの実態

これまでに示した通り、プラザプログラムは入念なスキームを備えているが、地域の手に渡ってからの運営は容易ではない。ヒアリングによると、マネジメントのノウハウが未熟な初期段階は、一等地にあるプラザであっても、映画のロケ地になるなど収入源に少しゆとりがある程度で、資金調達に苦労したという。交通局からの補助金はないため、意思の強いコミュニティではクラウドファンディングなどのあらゆる方法を駆使してプラザを運営しているといった状況だ。なお、外部主体によるイベントは、①プラザへの訪問とイベント計画申請書の作成、②トラブルに備えた賠償責任保険証書を入手後、③BID等に対してコンセッション料金を支払うことで、受け入れている。

運営のハードルをどのように乗り越えているのかを把握するために、交通局が代表例として挙げている六つの地域の民間組織に関して、資料調査、ヒアリングおよび現地調査を行った［表5］。いずれの場合も前面の地権者や商店主がキーマンだが、店主が売上の停滞等を訴え、プラザを縮小させようとすることもあり、継続的な協力体制が築かれていなければ管理運営に支障をきたす場合がある。他方で、彼らは他のステークホルダーよりも整備による恩恵を直接受けやすいはずだが、管理運営に対する追加の負担は義務づけられていないようだ。

地域への効果とその検証に基づくプログラムの継続

表5に挙げたプラザの一部では、店舗売上の増加や不動産価値の向上といった定量的な経済効果が認められるほか、治安の改善、新たな交流拠点の創出、滞在者の増加に伴う景観の魅力向上など、何らかの効果が実感されていた。特に、事例［6］のコロナプラザのように移民が比較的多いエリアのプラザの活用については、教育・保健環境の向上、地域経済の活性化といった地域の抱える課題に対応しており、住民の意識にも変化をもたらしている。交通局では、プラザ創出によるこうした多面的な地域への効果を段階的にレポートとして公開しており、賛同を広げてきた。なかでも地域への経済効果については、プラザが整備された区間と空間特性が類似するプラザ未整備の区間とを比較し、中・長期的に見て前者に経済効果があったことを示している。

ブルームバーグからデブラシオ市政への移行期には、ブロードウェイでの社会実験「グリーンライト・フォー・ミッドタウン」に協力したヤン・ゲールが主宰するゲール・アーキテクツと地元の建築系政策提言団体JMBCにより、「ニューヨークのプラザにおけるパブリックライフと都市的正義」というレポートが発行された。その中で、長期計画PlaNYC（生活の質、成長、機能性、インフラとイノベーションを変革するリーダーを重視）から、デブラシオ市長の提唱するOneNYC（レジリエンス、公正、賑わい、移民コミュニティも包摂する一丸となったニューヨークの実現）への移行について触れた上で、「パブリックライフ」と「正義」の観点から指標を提案し、それらに基づいて社会的公正を実現するプ

[4] ワシントンハイツおよびインウッド開発公社（CDC）

プラザ名	17 番通りプラザ【形状類型①】
立地	マンハッタン：移民系住宅地、劇場隣接
管理運営予算（年度）	未定
運営費確保手段	ベンダーによる占用料徴収、マーケット等のイベント収益
（期待される）整備効果	周辺に違法占用の露店商が多いなか、適切な設備のもとで、公式にベンダーによる経済活動の支援ができる
課題・問題点	設置するアートについて、地元アーティストでなく行政側から製作者を選出することで地域特性が活かされないことを懸念

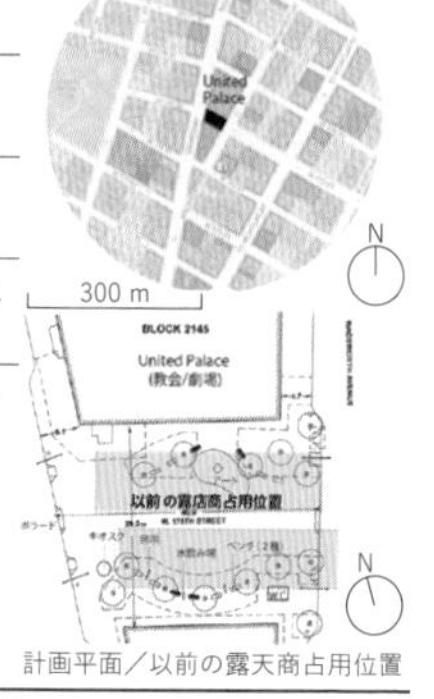

計画平面／以前の露天商占用位置

[5] バングラデシュ・アメリカンコミュニティ開発および青年サービス（CDC）

プラザ名	リバティ通りプラザ【形状類型④】
立地	ブルックリン：バングラデシュ等の多国籍移民住宅街
管理運営予算（年度）	8000 ドル：美化活動、5000 ドル：ファニチャー修繕清掃、1500 ～ 2000 ドル：イベント、5000 ドル：組織運営（2013 年）
運営費確保手段	クラウドファンディング組織からの補助金、NPP パートナー紹介、ボランティア
（期待される）整備効果	①屋外図書館等、子供の教育の場としての機能（ユニプロジェクト）、②イベント開催等による多国籍移民どうしの交流促進
課題・問題点	前面店舗を中心とした商店主から、プラザ整備による駐車スペース削減に対する反発

削減前（2014年時点）

[6] クイーンズ経済開発公社（EDC）

プラザ名	コロナプラザ【形状類型⑥】
立地	クイーンズ：メトロ駅、イタリア系・アジア系の小売店・住宅隣接
管理運営予算（年度）	50000 ドル：メンテナンス、8000 ドル：ファニチャー修繕等、13000 ドル：アドミニストレーション、4000 ドル：保険金（2013 年）
運営費確保手段	商業イベント、補助金、銀行融資、地元議員の支援、NPP パートナー紹介
（期待される）整備効果	①利用者の出費等による周辺店舗への経済効果（＋10 ～ 30%）、②コミュニティに自信を持ち始めたという周辺住民意識への影響
課題・問題点	資金調達およびファニチャー管理、煩雑なイベント申請手続き

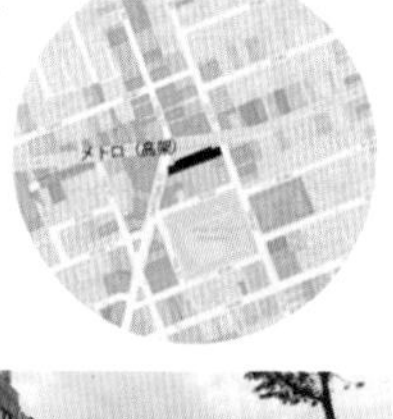

[1] グランドセントラル・パートナーシップ（BID）

プラザ名	ヴァンダービルト通りプラザ / パーシングプラザ【いずれも形状類型①】
立地	マンハッタン：中央駅、高層オフィス、商業施設隣接
管理運営予算（年度）	100000 ドル（2013 年当時の予定額）：清掃、安全管理、植栽管理、除雪
運営費確保手段	BID 本体の予算、プラザ隣接レストランの収入、映画ロケ受入
（期待される）整備効果	近隣にオープンスペースが少ないため、①公園的役割、②中央駅へのゲートとしての役割を担うことを期待
課題・問題点	夜間に治安の維持と、地域の公共空間として来訪者のアクセス確保を両立しなければならない点

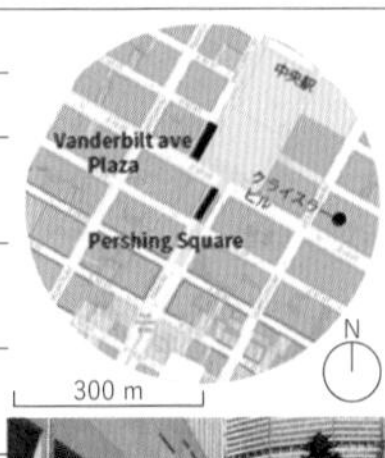

パーシングプラザ

[2] フラットアイアン 23 番通りパートナーシップ（BID）

プラザ名	フラットアイアンプラザ【形状類型⑧】
立地	マンハッタン：歴史的建築物、マディソンスクエア、オフィス、都心型住宅隣接
管理運営予算（年度）	350000 ドル：清掃、安全管理、植栽管理、無料 WiFi、ファニチャー修繕、教育イベント、年末イベント等（2013 年）
運営費確保手段	ベンダー、商業イベント、映画ロケ受入
（期待される）整備効果	①ロケ地としての人気獲得、②近隣住民等の滞在者増加
課題・問題点	好立地にもかかわらず、運営初期の段階では資金調達が課題であった

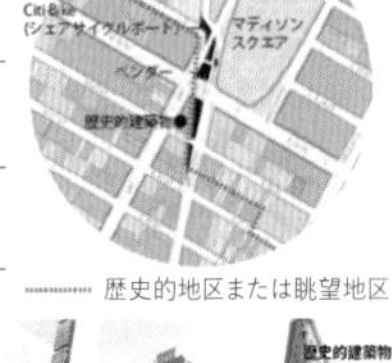

歴史的地区または眺望地区

[3] フルトン・ビジネスアライアンス（BID）

プラザ名	フォーラー広場【形状類型②】 / パットナム・トライアングル【形状類型④】
立地	ブルックリン：住宅街、近隣商業小売店、美術学校、教会隣接
管理運営予算（年度）	BID が管理するすべての公共空間に対して 300000 ドル（2011 年）
運営費確保手段	商業イベント、補助金
（期待される）整備効果	麻薬の取引の場になるなど、以前は危険な状態であったが、①治安の改善が見られる、②プラザに面する店舗の不動産価値上昇
課題・問題点	特になし

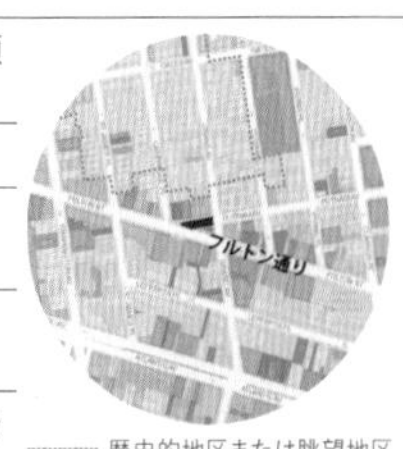

歴史的地区または眺望地区

パットナム・トライアングル

表5 | プラザを運営する6地域の組織

ラザの役割が示されている。首長が変わる際には前首長の施策を批判する政治的判断がなされることも多々あるなかで、客観的な分析を実施し、プログラムの継続につなげたのである。

社会関係のレジリエンスを高めるプラザへ

2017年、市民の一丸を掲げるデブラシオ市長の2期目の就任と期を同じくして、国政は移民に対して風当たりを強めるトランプ政権に変わった。人種のるつぼであるニューヨークでは、大統領に対する抗議運動が巻き起こった。その際には、公園局が新たに開始した「境界なき公園事業」［2章5節］により整備された公共空間や、複数のプラザが利用されたという。

このムーブメントを受けて、プラザに関わりの深い中間支援組織、プロジェクト・フォー・パブリックスペースに加え、プラザプログラムをタクティカル・アーバニズムの実践として位置づけるマイク・ライドンらが連名で、今後もデモや公共性の高いイベントを街路上で円滑に行えるようにするための七つのステップを記した書簡を市長に送付した。そのステップとは、①プラザへのサポートの継続、②言論・表現の場として人気のある空間での活用余地の確保、③言論の場として長い歴史を有するユニオンスクエア付近の街路に力を入れること、④社会実験や週末の歩行者空間化プログラムの拡張による民主的なアクションの醸成、⑤ネットワーキングにより言論・表現活動の局所集中を防ぐ／遠出せずとも自宅近隣で開催できるようにすること、⑥サイクリストが集団走行により自転車にやさしいまちづくりをアピールするクリティカルマス運動の舵取り、そして⑦5番街の歩行者空間化、を指す。特に⑦の5番街の取り組みに関しては、ジャネット・サディク＝カーン前交通局長も有効活用の可能性を表明した。2020年現在、まだ歩行者空間化には至っていないが、2020年のブラック・ライブズ・マター運動において、抗議の一環として巨大なペイントがトランプ・タワー前の路上に描かれ、市政の同運動への賛同を象徴するものとなった。また②については、市内10のプラザが具体的に提示された。プラザから半径1マイル（約1・6㎞）圏の人口・人種・所得分布のデータが、その選定根拠となっている。

なお、これ以前に市内で発生した大規模デモに、2011年のウォール街占拠運動がある。ズコッティパークに寝泊まりしながらの抗議がおよそ2カ月間続き、抗議者側の表現の自由と市民の健康および安全の均衡が崩れたと判断したブルームバーグ市長は、排除の判断を下した。こうした表現活動と市民の間で生じる摩擦や、それによる混乱を経験してきたにもかかわらず、まずは公共空間をコミュニティや市民の意思表明の場として開くことを後押しする方針がとられてきた。プログラムの運用開始から10年以上が経った現在、プラザは、ニューヨーカーの「真の公共空間」として、社会関係のレジリエンスを高める大きな役割を担っている。

（三浦詩乃）

4-5

サマーストリートとウィークエンドウォーク

一時的に車を締め出した街路で楽しむ祭り

街への愛着を育むサマーストリート

夏の週末にマンハッタンを縦断するパーク街を72丁目からブルックリン橋のたもとまで歩行者天国化する「サマーストリート（Summer Streets）」は、2008年に開始されてから15年が経過し、今では夏の風物詩としてすっかり定着した［図16］。そのアイデアは、2007年に交通局長に就任したばかりのジャネット・サディク＝カーンがコロンビアの首都ボコダを訪ねた際に出会った、当地で1970年代から行われている「シクロヴィア」（日曜・祝日の午前7時から午後2時まで、街路から自動車を締め出し、歩行者・自転車に開放される）というイベントからヒントを得たという。サディク＝カーンは、当初ブロードウェイでの実施を検討したが、より幅員が広く、中央分離帯もあって実施が容易と思われたパーク街を舞台に選んだ。初年度の参加者は15万人だったが、現在では30万人が集まるイベントにまで成長している。マンハッタンで最も幅員の広いパーク街でなくては、とても受けとめきれなかったであろう。

図16｜サマーストリート時のパーク街（撮影：関谷進吾）

サマーストリートは、この広幅員街路を歩行者に開放するだけのイベントではない。まず、歩行者に加えて、ランナーやサイクリストも街路に繰り出す。そして、各所で運動やフィットネスをテーマとしたプログラムや場が提供される。ヨガ、クライミングウォール、ゴルフ場、プールなど、街路はアクティブな人々で溢れかえる。パーク街は途中でグランドセントラル駅を経由するが、普段なら自動車しか走行できない高架道路を歩くことができ、普段とは異なるニューヨークの風景を発見できる。2013年からは、地下の自動車専用トンネルも歩行者に開放された。

サディク＝カーンは、「サマーストリートによって、ニューヨーク市民は自分たちの街により親しみを感じるようになり、交通局員同士も以前より親密になったように思う」とその意義を語っていた。お祭りが愛郷心を育て、コミュニティ意識を醸成するのは、世界共通の真実なのである。

地区の多様性が感じられるウィークエンドウォーク

一方で、「ウィークエンドウォーク（Weekend Walks）」は、先のサマーストリートに刺激を受けた他の地区からの要望で生まれた交通局による施策である。街路はさまざまなプログラムの舞台となるという考え方を広め、地域のビジネスやコミュニティに根ざした団体を支援するという目的のもと、市内の商店街の街路から一時的に自動車を締め出して実施されるお祭りである。交通局がスポンサーとなり、資金や機材を提供するが、実施主体は各地区のＢＩＤやＮＰＯである。ＮＹＣプラザプログラム［4章4節］と同様、地区の実施主体は交通局とパートナーとして協定を結び、共にイベントを企画・実施する。２０１１年の開始時には18地区での実施であったが、その後順調に増え、コロナ禍直前の２０１９年には53地区で１１２のイベントが実施された。街路の封鎖距離は20マイル（約32㎞）、封鎖時間は５４５時間、来訪者数は30万人以上に及んだ。

交通局が重視しているのは、街路でのプログラミングとアクティベーションである。緊急用の通路として幅15フィート（4.57ｍ）の通路を確保しておく必要があるが、それ以外は椅子や芝生、さまざまなアクティビティやサービスを提供するブースが所狭しと設置される［図17］。とりわけ、ニューヨーク市民の多様性を反映するかのように、地区ごとに街路の使い方が異なるのが面白い。たとえば、音楽一つをとっても、ジャズバンドがステージで演奏する地区、ロックバンドが芝生に寝そべる観客の前で演奏する地区、ＤＪがレゲエをプレイし、住民たちが輪になって踊る地区など、文化の多様性が感じられる。街路とは本来、さまざまな都市文化を許容し、創出していく公共空間であるということが実感できるのである。

（中島直人）

図17｜地区によって表情が異なるウィークエンドウォーク（撮影：関谷進吾）

参考文献

4-1

・三浦詩乃・出口敦「ニューヨーク市プラザプログラムによる街路利活用とマネジメント」『土木学会論文集』72巻2号、2016年
・Craig Campbell, New York City Open Data: A Brief History, DATA-SMART CITY SOLUTIONS, 2017
https://datasmart.hks.harvard.edu/news/article/new-york-city-open-data-a-brief-history-991
・Van Ginkel Associates Ltd and New York Office of Midtown Planning and Development, Movement in Midtown: A Summary of a Study Prepared in Cooperation with Office of Midtown Planning and Development, Office of the Mayor, City of New York, City of New York, 1970

4-2

・三浦詩乃「リバビリティ向上を目的とした街路デザイン施策普及における基礎自治体イニシアチブの成果と課題：米国・全米都市交通担当者協会を事例として」『土木学会論文集』79巻2号、2023年

4-3

・中島直人・関谷進吾「ニューヨーク市タイムズ・スクエアの広場化プロセス：BID設立以降の取り組みに着目して」『日本建築学会計画系論文集』81巻725号、2016年
・中島直人「企業経営者ブルームバーグ市長のもとでの都市空間再編」、西村幸夫編『都市経営時代のアーバンデザイン』学芸出版社、2017年
・ジャネット・サディク＝カーンほか著、中島直人監訳『ストリートファイト：人間の街路を取り戻したニューヨーク市交通局長の闘い』学芸出版社、2020年

4-4

・三浦詩乃・出口敦「ニューヨーク市プラザプログラムによる街路利活用とマネジメント」『土木学会論文集』72巻2号、2016年
・The New York Times, Inauguration Protests Held at a Trump Tower and Elsewhere, 2017
https://www.nytimes.com/2017/01/19/nyregion/trump-tower-protest-inauguration.html
・Design Trust for Public Space, Letter to Mayor De Blasio to Improve Public Spaces for Civic Engagement, 2017
https://www.designtrust.org/news/letter-mayor-de-blasio-improve-public-spaces/
・The New York Times, N.Y.C. Paints 'Black Lives Matter' in Front of Trump Tower, 2020
https://www.nytimes.com/2020/07/09/nyregion/blm-trump-tower.html

4-5

・ジャネット・サディク＝カーンほか著、中島直人監訳『ストリートファイト：人間の街路を取り戻したニューヨーク市交通局長の闘い』学芸出版社、2020年

5章

ゾーニングボーナスと公共空間

民有公共空間が最も魅力的な形ですべての市民に提供されることを保証するのは、政府機関、非営利団体、民間企業、そして一般大衆である。

ジェロルド・ケイデン『民有公共空間』2000

ゾーニングボーナスの成功は、開発による公共の利益を最大化することと、民間が開発可能な収支に収まることの間にある「スイートスポット」を見つけることにかかっている。

クリス・シュルト『パブリック・ベネフィット・ボーナス』2012

5-1 民間不動産開発が生み出す公共空間

ニューヨークでは、民間企業の不動産開発によって民有地内に整備され、管理が行われている公共空間（Privately Owned Public Spaces。以下、民有公共空間とする）が都心部における貴重なオープンスペースとして位置づけられている。市内で最も有名な民有公共空間といえば、ロックフェラーセンターの中央に位置するプラザ（広場）であろう。1930年代に同建物の建設労働者の寄付によって始められたクリスマスツリーの設置は、点灯式が全米に生中継される国家的なイベントとなっており、スケートリンクとともに冬のニューヨークを代表する景観の一つとなっている。また、夏には周辺のレストランがテラス席をプラザ内に多数配置し、建物外壁に施されたアール・デコ調の彫刻を眺めながら優雅に歓談を楽しめる空間として、観光客や就業者にも親しまれている。

こうした民有公共空間は、1961年に建物の形態や用途を規制するゾーニング条例が改正されたことで制度化され［2節］、図1に示すように2019年時点で389の建物に592カ所整備されている。すべてを合わせると35万m²を超えており、これはブライアントパーク9個分、ユニオンスクエア24個分に相当する。その種類は、建物周辺に配置されるプラザ、建物低層部を外部に開放

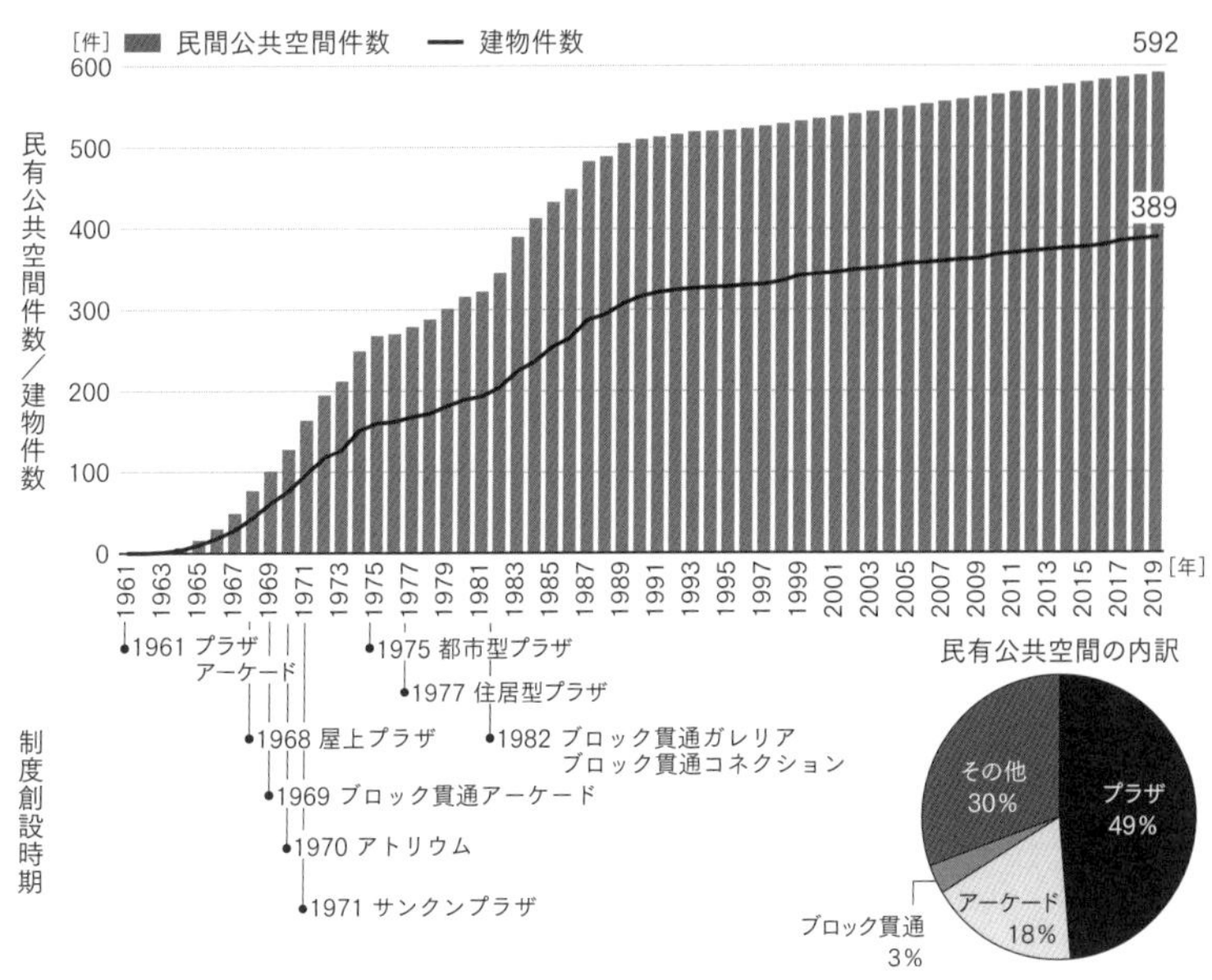

図1｜ニューヨークにおける民有公共空間の整備状況

するアーケード（屋根付きの広場）、格子状道路で囲まれた街区内を通行可能とするブロック貫通に分けられる。最も多いタイプはプラザであり、建物の立地や用途によって細分化された都市型プラザや住居型プラザ、屋内広場であるアトリウムなどさまざまな形態の公共空間が整備されている。

しかし近年では、新たな都市公園の整備や公共交通空間の改善、さらには老朽化した民有公共空間の再生などに民間の不動産開発を活用しようとする動きが見られる。本章では、ハドソンヤード［3節］、ミッドタウンイースト［4節］、ロウアーマンハッタン［5節］を事例にその最新動向を紹介する。（北崎朋希）

5-2

規制緩和の対価として創出された公共空間

プラザボーナスの創設と民有公共空間の整備

1961年、ニューヨーク市はゾーニング条例を改正し、建物の形態を容積率で規制することを決定した。アメリカで初めて創設された1916年のゾーニング条例では、斜線規制（道路中心線から一定の勾配で建物の高さを制限する規制）が建物の形態をコントロールする手法として採用され、エンパイアステートビルやクライスラービルなどマンハッタンのスカイラインを代表するスカイスクレイパーを数多く生み出した。しかし、自動車とエレベーターの普及を見越した建築家ル・コルビュジエの思想に強く影響を受けたアメリカの建築家たちは、第二次世界大戦後の建設ブームにおいて、レバーハウス［図2］やシーグラムビル［図3］などに見られるような敷地内にプラザやアーケードを有したタワー・イン・ザ・パーク型の建物を次々と生み出した［図4］。そこで市では、新たな街並みへの対応を検討した結果、建物の容量のみをコントロールしてデザインの自由度を高める容積率規制の導入に踏み切った。さらに歩行者空間の採光と通風を確保するため、商業地域を中心にプラザやアーケードなどの民有公共空間を整備する対価として、指定容積率の最大2割を緩和する「プ

図3｜シーグラムビル

図2｜レバーハウス

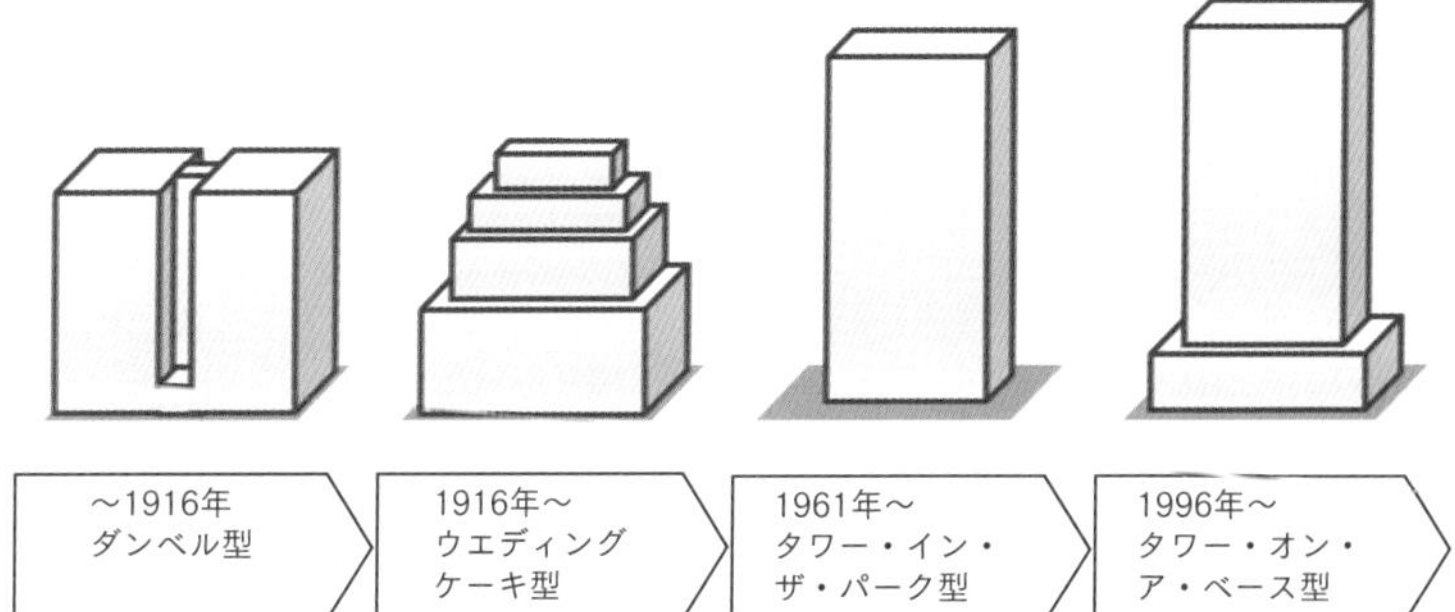

図4｜ニューヨークにおける形態規制の変化

ラザボーナス」を創設した。これにより、容積率が１５００％に指定されている都心部では、プラザを設置することで最大１８００％まで緩和されることになり、不動産開発を一層加速させた。

マンハッタンでは、１９６６年からの20年間で95のオフィスや住宅が着工されたが、このうち約7割の建物がプラザボーナスを活用した。開発事業者は、整備したプラザの敷地面積の10倍に相当する床面積が得られたが、このボーナスの価値はプラザの整備費用と比較すると48倍に相当したことから、競うように民有公共空間の整備に邁進した。

街並みを破壊する民有公共空間への批判

しかし、提供されたプラザの多くには、デザインの基準や審査がなかったことから、ベンチも植栽も設置されていない質素な空間が多かった。そこで市では１９６８年にプラザボーナスのデザイン基準を策定し、個別に審査を実施することを決定した。また新たな貢献対象として、屋上プラザ、ブロックを貫通するアーケード、アトリウムなどが追加された。そして１９７５年にはデザイン基準が改定され、ベンチや植栽などのアメニティ設置が義務化された。１９７７年に竣工したシティコープタワーでは、地下鉄53丁目駅に直結する屋外コンコース、テーブルや椅子が多数配置されたアトリウムを有した合計１８６０㎡の公共貢献を提供し、５４８０㎡の規制緩和を受けた。この多彩な公共貢献は、特徴的な傾斜屋根のデザインとあわせて高く評価され、２０１６年には最も築浅の歴史的建造物に指定された。

一方、プラザやアーケードの増加に対して、ブラウンストーンでつくられたロウハウスが連続した街並みや、斜線制限によって整えられた建物の高さや壁面を混乱させるものとして批判する動きも出てきた。たとえば、前述のロックフェラーセンターは1970年代に6番街から7番街にまで拡張されたが、新たに建設された3棟のオフィスビルは、当時主流であったプラザを前面に配置したインターナショナル様式の真四角な超高層建物とされた。しかし、この経済性を追求したデザインや形状は、あまりにも没個性的で見分けがつかないことから「XYZビルディング」[図5]と揶揄され、さらに不連続な壁面や巨大なボリュームがアール・デコの装飾が散りばめられたロックフェラーセンターと似つかわしくないとの批判を集めた。

そこで市では、既存の街並みとの調和を図りながら再開発を推進する特別地区を順次指定していった。たとえば、1982年にはマンハッタン中央部をミッドタウン特別地区として指定し、プラザボーナスの対価を最大6倍に縮小するとともに容積率緩和の上限も300%から100%に削減した。特に5番街やマディソン街では、連続したストアウィンドウの街並みを保全するためにプラザボーナスが廃止された。一方、延床面積に応じて歩道拡幅やブロックを貫通するアーケードの設置が義務づけられ、これによって6番街と7番街の中央に51丁目から57丁目の間に6・5番街が生み出された[図6]。こうした地域特性に応じた特別地区が徐々に増えていったこともあり、市では1996年に特別地区外でのプラザボーナスを廃止し、図4に示すような連続した街並みと調

図5｜「XYZビルディング」と揶揄されたロックフェラーセンター拡張部

和する基壇部を有するタワー・オン・ア・ベース型の再開発を推進する方針に転換した。

多様化する公共貢献

一方で、1970年代の建設ブームによって都心の就業者数は増加の一途を辿り、地下鉄駅の混雑が社会問題化した。そこで市では、1982年に地下鉄駅構内の拡張や地上出入口の新設に対して指定容積率の最大2割を緩和する「サブウェイボーナス」をミッドタウン特別地区に導入した。また同時期には、マンハッタンの人口増加によって住宅賃料が上昇し、低中所得者がマンハッタンに住み続けることが困難となっていた。そこで市では、1987年に高容積率が指定されている住宅地域を対象に「アフォーダブル住宅ボーナス」を導入し、低中所得者向けとして供給された住宅の床面積の最大3・5倍の容積を緩和することを決定した。この施策では指定容積率の22%が上限とされ、最大で指定容積率の14%に相当する床面積を一般住宅として活用することが可能となった。この他にもミュージカル劇場の新設を目的とした「シアターボーナス」(1982年)、保育園や診療所の設置を目的とした「コミュ

図6｜ゾーニングボーナスによって整備された6.5番街

ニティ施設ボーナス」（2004年）、生鮮食料品店の確保を目的とした「グローサリーストアボーナス」（2009年）など、さまざまな公益施設が公共貢献の対象として組み込まれていった。

そして近年では、複雑化する都市問題を解決するために公共貢献の対象や規模がさらに拡大の一途を辿っている。代表的な地区としては、地下鉄の延伸や都市公園の整備を目的としたハドソンヤード特別地区、公共交通空間や歩行者空間の総合的改善を目的としたミッドタウン特別地区のイーストミッドタウン街区、初期に整備されたプラザやアーケードを再生するロウアーマンハッタン特別地区のウォーター通り街区などが挙げられる。次節以降、これらの事例を詳しく紹介していく。

（北崎朋希）

5-3

ハドソンヤード

民間資金を活用した公有公共空間の整備

アメリカ最大級の再開発事業

2015年9月10日、マンハッタンで26年ぶりとなる新駅「ハドソンヤード駅」が開業した。ニューヨークを東西に横断する地下鉄7号線は、これまでタイムズスクエア（42丁目7番街）を始発駅としていたが、市では24億ドル（約2800億円）を投じて南西方向に1・6㎞延伸させて新駅（34丁目11番街）を建設した。新駅の前には、6ブロックを貫通する1・6haの都市公園「ベラアバグパーク」［図7］が3千万ドル（約35億円）の費用をかけて整備され、新駅開業と併せて第一期部分が開園した。パーク南端には、在米日本人建築家である森俊子の設計による大きく湾曲したガラスキャノピーを持つ新駅のエントランス［図8］が設置され、有機的な曲線でデザインされた噴水や木製ベンチと見事に調和している。

こうした新駅や公園は、新たな都心開発を目的としたハドソンヤード再開発事業の一環として整備された。再開発事業は、図9に示した五つの取り組みから構成されている。①と②が、前述した地下鉄7号線の延伸・新駅設置と都市公園の整備である。③は、ボストンやワシントンＤＣ行きの高速鉄道アムトラックのターミナル駅であるペンシルベニア駅の鉄道操車場（34丁目10番街から12番街、通称：ハドソンヤード）での人工地盤の設置である。新たに創出された10haを超える開発権は地元不動産会社リレイテッド・カンパニーズに売却され、アメリカで最大級の不動産開発が行われている［図10］。④は、市で最大の展示場であるジェイコブ・ジャビッツ・コンベンションセンターの拡張である。そして⑤は、ハドソンヤード周辺の低未利用地の再開発を推進するため、周辺59ブロックを対象にしたゾーニングの変更である。この再開発事業によって、2040年までに242万㎡のオフィス、2万戸の住宅、17万㎡の店舗・ホテル・学校・劇場が開発される見込みである［図11］。

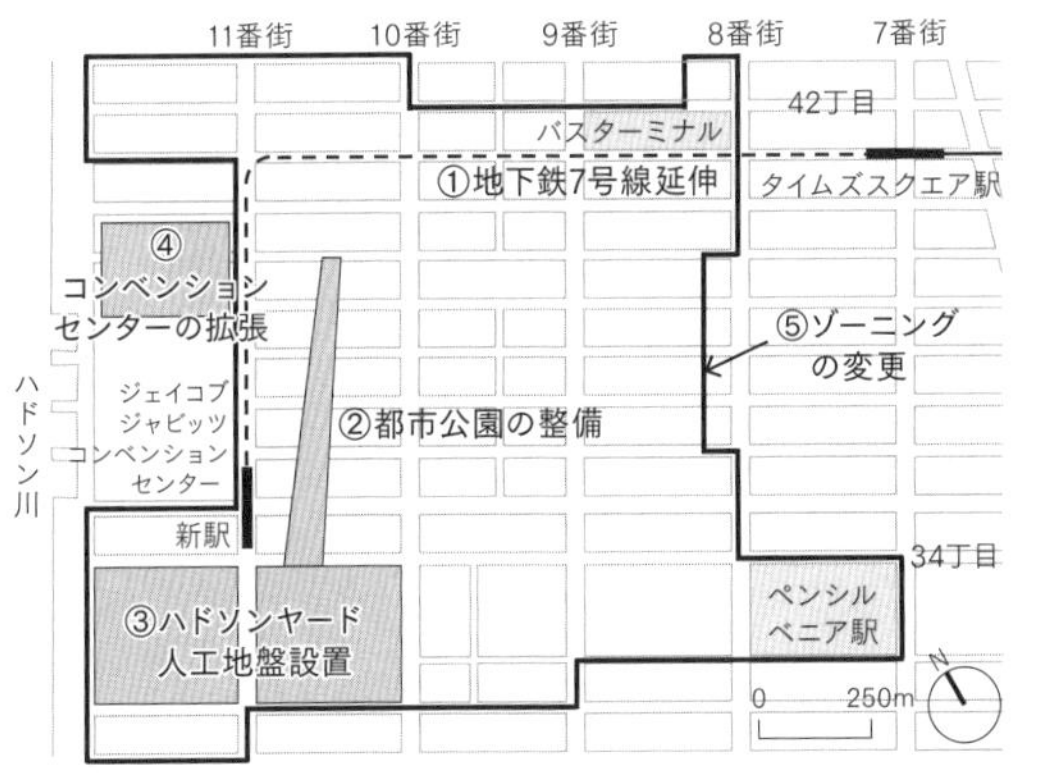

図9｜ハドソンヤード再開発事業の主な取り組み

　これまでハドソンヤード周辺は、工業系の用途地域（容積率500〜650%）が指定され、ハドソンリバーのフェリーやペンシルベニア駅の鉄道貨物を活用した物流拠点として倉庫や工場が集積していた。しかし、1970年代には工場の海外移転や自動車輸送への転換によって、数多くの建物が放置された。その後、90年代に入ると、市の人口や雇用が増加傾向に転じ、20を超える大企業がオフィス不足を理由に市郊外や隣接する

図7｜ベラアバグパーク

図8｜ハドソンヤード駅のエントランス

図10｜ヴェッセルと広場

図11｜2020年時点のハドソンヤード（提供：Related Companies）

ニュージャージ州に移転を余儀なくされた。そこで不動産会社や金融機関の経営者、大学教授らが都市の将来像を検討し、２００1年6月に報告書「ニューヨーク市のオフィス開発戦略」を公表するに至った。報告書では、今後20年間で30万人のオフィス就業者が増加することが見込まれ、それらの雇用を誘引するためには５５７万㎡のオフィスが必要と主張し、ハドソンヤード、ブルックリンダウンタウンなどを新たな副都心として開発することを掲げた。

これを受けて市都市計画局では、２００1年末にハドソンヤード周辺の現状分析を実施し、再開発事業に関する基本計画を策定した。計画では、ハドソンヤードのインフラ整備とゾーニング変更によって、今後20年間でミッドタウンイーストやロウアーマンハッタンに匹敵するビジネス街を形成することを目標に掲げた。また、インフラ整備に必要な資金は、市や都市圏交通公社（地下鉄・高速鉄道の運営会社）の財源が限られていることから、ＴＩＦ（Tax Increment Financing。市が固定資産税上昇分を裏付けとした債券の発行によって資金調達する手法）の導入のみならず、操車場上空の開発権の売却やインフラ整備を目的とした新たな容積売却制度の導入を提案した。

地下鉄延伸や都市公園整備を目的とした容積売却制度の創設

この容積売却制度の提案の背景には二つの理由があった。第一に資金調達の早期化である。アメリカのインフラ整備の資金調達手法として一般的な手法であるＴＩＦは、固定資産税の増加を裏付

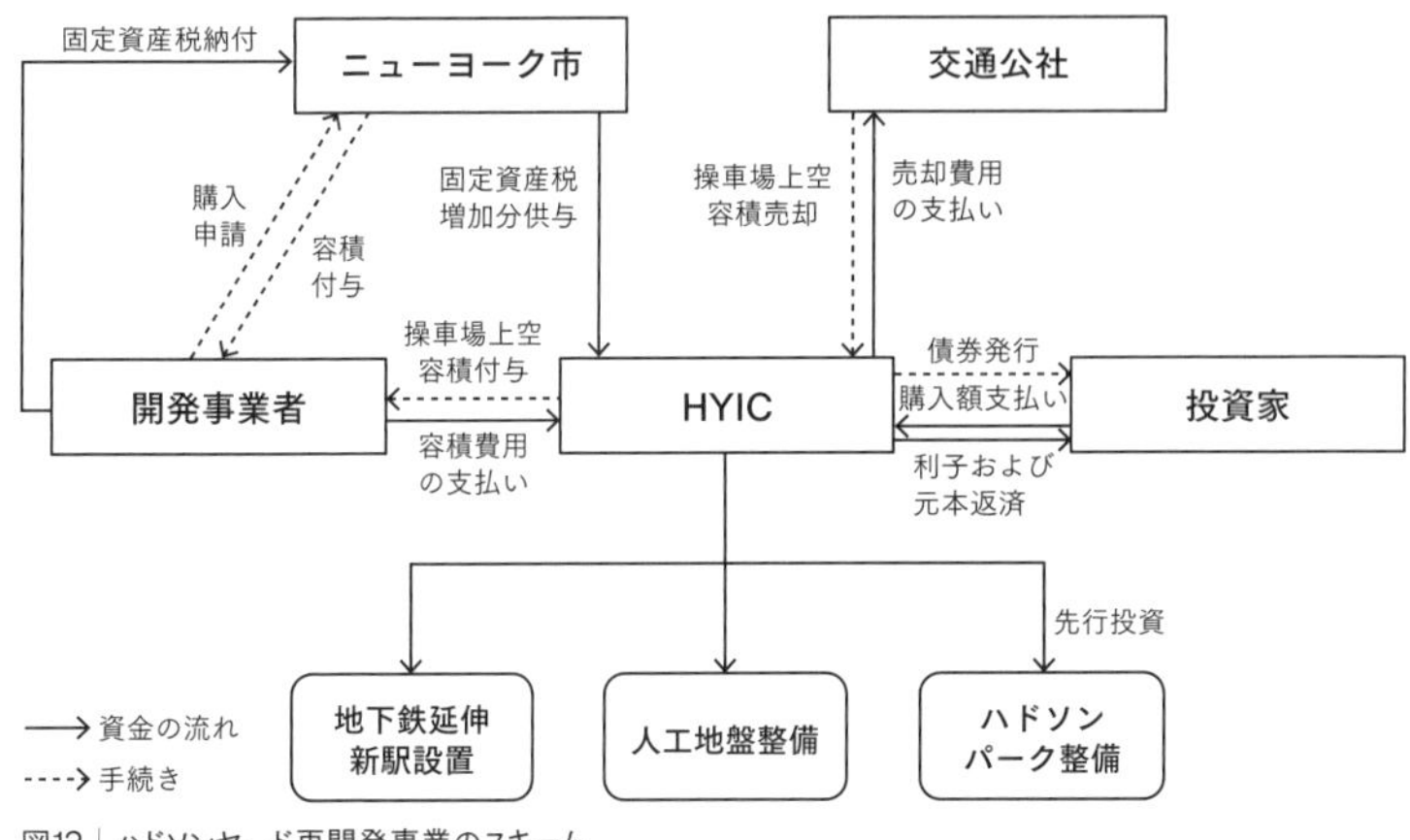

図12｜ハドソンヤード再開発事業のスキーム

けとしているため、建物が竣工してから長期間にわたって少しずつ資金を回収することが余儀なくされた。そのため、インフラ整備の規模が大きくなるほど債券の金利負担が重くなるため、短期間でまとまった資金を回収する手法が求められていた。第二に民間企業のリスク許容度の限界である。操車場上空の開発権の売却は、早期に資金を回収する有効な解決手段であり、市も操車場周辺が最も資産価値が高くなるように新駅や都市公園を配置した。しかし、操車場は10haもあるため、高容積率が設定された場合には民間企業が単独で事業リスクを負えなくなる可能性があった。そこで操車場の開発権は、応札者の提案に基づいた事業規模で売却し、残った未利用容積は操車場周辺に時間をかけて移転して売却するしくみとなった。さらに周辺で幅広く活用できる容積売却制度を創設し、市が開発事業者の需要に応じて段階的に売却していくしくみを考案した。これらの事業スキームを示したのが図12である。

2005年1月、ニューヨーク市議会はハドソンヤード特

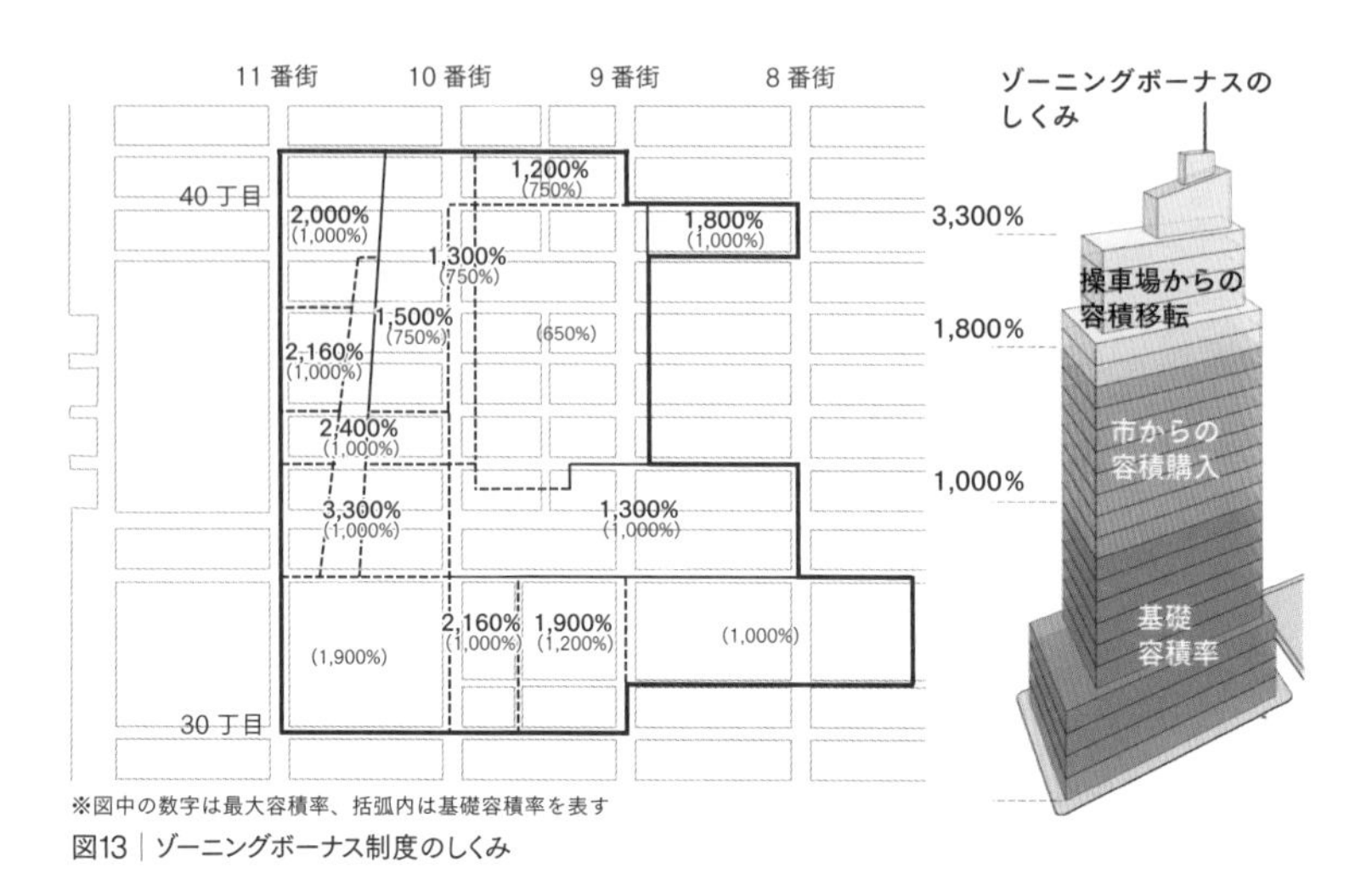

図13｜ゾーニングボーナス制度のしくみ

別地区のゾーニング変更とインフラ整備に要する資金計画を賛成多数で可決した。また同年には、インフラ整備の実施主体であるＨＹＩＣ（Hudson Yards Infrastructure Corporation）がニューヨーク市によって設立された。このＨＹＩＣはインフラ整備に必要な30億ドル（約３１５０億円）分の債券を発行して資金調達を実施した。一方、都市圏交通公社は操車場上空の開発権を売却する入札を実施し、残った未利用容積をＨＹＩＣに売却した。容積購入を希望する開発事業者は市に申請し、購入代金をＨＹＩＣに納付してから市またはＨＹＩＣから容積が付与されている。さらに地区内で竣工したオフィスや店舗の固定資産税増加分が市を通してＨＹＩＣに供与され、同社は利子および元本を債券投資家に返済している。そのため、ハドソンヤード特別地区には、図13に示すように2段階のゾーニングボーナス制度が設定されている。地区内で最も高容積率が指定されている新駅周辺では、基礎容積率が１０００％に指定され、第一段階の容積売

図14｜ベラアバグパークとハイラインを結びつける民有公共空間

却制度によって1800％まで緩和されている。さらに第二段階の操車場からの容積移転制度によって最大3300％まで緩和可能となっている。

都市公園と民有公共空間の連携

2008年に行われた都市公園の設計コンペでは、新駅のエントランスが設置されていることもあって、これまでの荒廃した工業地区という負のイメージを払拭し、活気に満ちた歩行者に優しいミクストユースの街という新たな都市像を具現化する役割が求められた。コンペで当選したランドスケープ設計事務所は、この都市公園が就業者や来街者のみならず、今後増加するであろう居住者の利用も想定されることから、ファーマーズマーケットや野外映画祭などの大規模イベントが開催できる広場のみならず、ピクニックや軽い運動ができる芝生ゾーン、子供向けの大型遊具が多数設置されたプレイグラウンド、読書や休息に適した木陰エリアなど多彩なアクティビティに対応できるように設計した。この都市公園は、人工地盤上の再開発で整備される2haの民有公共空間とシームレスにつながっている。民有公共空間の中央には2500段の階段と80の踊り場で構成される逆円錐形の無料展望台「ヴェッセル」［図10］が設置され、新たな観光スポットとして注目を集めた。さらに今後想定されている人工地盤西側の再開発によって拡張される予定であり、最終的にハイライン［2章3節］やハドソンリバーパーク［3章6節］と接続することで、ミッドタウンウエストとチェルシーを縦断するペデストリアンネットワークが構築される見込みである［図14］。なお、都市公園の運営・維持管理は、2014年に設立されたBIDが市から委託を受けて実施している。

地元との対話による居住開発区の公共空間設計

ハドソンヤード西街区には、7棟の高層住宅、学校、オフィスが整備される予定であり、街区の半分はオープンスペースとして確保されている。現在の計画では、ハイラインに直接アクセスすることができる大きな芝生広場がハドソンリバーを一望できる高さに整備される見込みである［図15］。また、住宅中心の開発となることからさまざまな遊具を備えたプレイグラウンドも計画されている。こうした民有公共空間の設計に関しては、行政サービスに対する地元諮問委員会であるコミュニティボードと開発事業者が数度にわたる協議を経てブラシュアップしている。当初、開発事業者は居住者向けの駐車場をオープンスペースの下に確保するため、ハイラインよりも高い位置に広場を整備することを提案した。しかし、協議の場で完成予想図を確認したコミュニティボードは、ハイラインに沿って高さ6m・長さ200m以上の大きな壁が出現すること、ハイラインや道路から広場へのアクセスが困難となることを危惧し、開発事業者に設計変更を求めた。こうした意見交換を踏まえて、開発事業者が設計変更を重ね、現在の計画案が策定されている。

新駅開業と公園の供用開始によって活発化する企業移転

2016年6月、ついに操車場開発の第一弾である超高層オフィスビル「10ハドソンヤード」が竣工した。地上52階・延床面積16万㎡のこの建物には、24階までアメリカの高級ブランドであるコーチの本社が入居し、高層階には化粧品最大手のロレアルや経営コンサルティング大手のボストンコンサルティングが入居した。ハイラインから直結する専用エントランスを確保したコーチは、バッグや靴などの革製品を天井まで陳列し、開業当日のオープニングパーティは数多くのメディアが取り上げた。これはハドソンヤードの幕開けを市民に周知する格好の材料となり、新駅周辺での新規の不動産開発や企業移転が次々と発表されている。

図15｜ハドソンヤード西街区の民有公共空間のイメージ（提供：Related Companies）

2016年12月、開発事業者であるリレイテッド・カンパニーズは、新駅東側の細分化されていた敷地をすべて取得し、マンハッタンで最大規模となる超高層オフィスビル「50ハドソンヤード」(地上58階・延床面積26万㎡)の開発を公表した。2022年に竣工したこの建物には、ミッドタウンイーストに拠点を構えていた資産運用会社の最大手ブラックロックが本社を移転し、さらにソーシャルメディア最大手のメタ・プラットフォームズ(旧フェイスブック)も東海岸の中核拠点を開設した。こうしたハドソンヤードへの大企業移転の報道は相次いでおり、タイムズスクエアに本社を構える証券会社大手モルガン・スタンレーや、グランドセントラル駅近くに本社を構える製薬大手ファイザーもハドソンヤードに本社を移転することをリリースしている。

ハドソンヤードは、地区中央にベラアバグパーク、西側にハドソンリバーが位置しているため、ミッドタウンでも高い開放感が得られる稀有な立地であり、水と緑といった自然環境が身近に感じられる街として評判を高めている。これはオフィス中心の殺伐とした雰囲気の街で働くことを敬遠するミレニアル世代を魅了するポイントにもなっており、優秀な若年労働力を獲得したい企業がハドソンヤードに脱出する動きが加速しているのである。

(北崎朋希)

5-4

ミッドタウンイースト
民間提案による公有公共空間の再生

街の老朽化と企業流出が進行

ハドソンヤードに続々と企業が転出しているミッドタウンイーストでは、古くて堅苦しい街のイメージを払拭するために公共空間を再生する取り組みが進行中である。市内でオフィス賃料が最も高いミッドタウンイーストには、国内最大の商業銀行JPモルガン・チェースや生命保険会社メットライフなどアメリカを代表するレガシー企業の本社がひしめいている。しかし近年、ハドソンヤードやワールドトレードセンターの再開発によって、巨大企業の転出が相次いでいる。

この要因の一つに市街地の老朽化がある。ミッドタウンイーストのオフィスビルは1950年代から60年代に建設されたものが多く、地区内の約8割が築50年以上の建物で占められている。また、1961年の容積率規制の導入によって、多くのオフィスビルが既存不適格となってしまい、市街地の更新が思うように進んでこなかった。一方、アメリカ最大のターミナル駅であるグランドセントラル駅では、ニューヨーク州東部の大動脈であるロングアイランド鉄道の乗り入れが

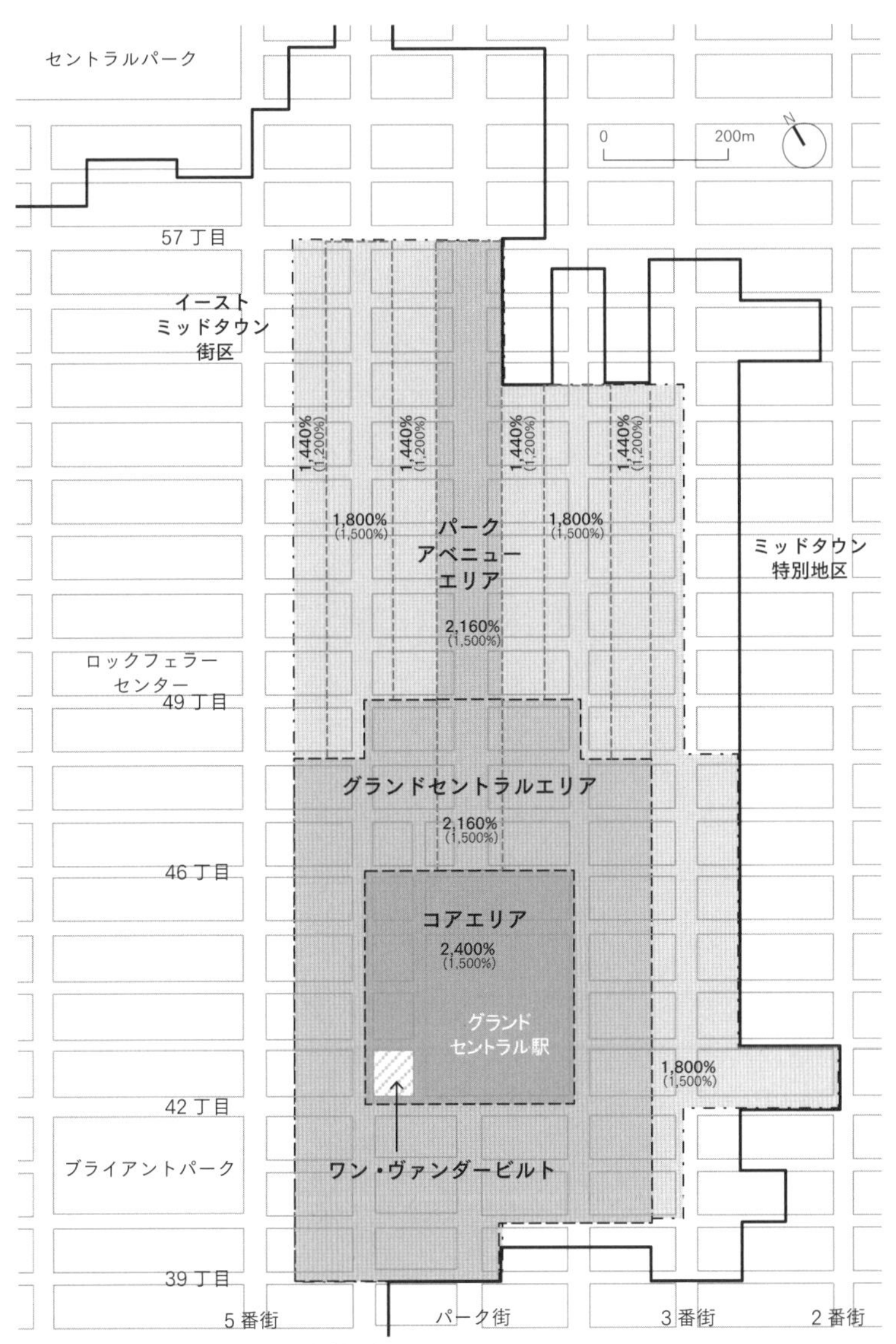

※図中の数字は最大容積率、括弧内は基礎容積率を表す

図16｜イーストミッドタウン街区の範囲

2023年に予定されていたため、コンコースの新設や地下鉄との乗換空間の拡張などが急務であった。さらに増加する鉄道利用客に対応するため、地上では歩道の混雑緩和、広場や空地の確保、ベンチや植栽の充実といった改善も求められていた。

2013年4月、都市計画局ではこうした課題を解決するために、2005年にハドソンヤードで導入した容積売却制度を当地区にも導入し、その資金で公共交通空間や歩行者空間を改善するゾーニング変更案を作成した。変更案では、容積率を最大2160％まで緩和できる特別地区容積移転制度（歴史的建造物の未利用容積を移転可能とする制度）を有するミッドタウン特別地区のグランドセントラル街区を廃止し、図16に示すように39丁目から57丁目と3番街から5番街に囲まれた範囲をイーストミッドタウン街区として再指定することが提案された。そして街区内では、特別地区容積移転制度に加えて容積売却制度を導入し、最大2400％まで緩和することが考案された。市ではこの容積売却収入を裏付けとした債券発行によって約5億ドル（約450億円）を調達して公共空間を改善し、今後20年間で新たに41万㎡のオフィスビルを再開発することを目指した。

市と民間企業が一体となって策定した公共領域改善計画

都市計画局はゾーニング変更の申請書の作成後、交通局や地元不動産会社と共にプロジェクトチームを結成し、タイムズスクエア［4章3節］の広場化を主導したゲール・アーキテクツと共に、

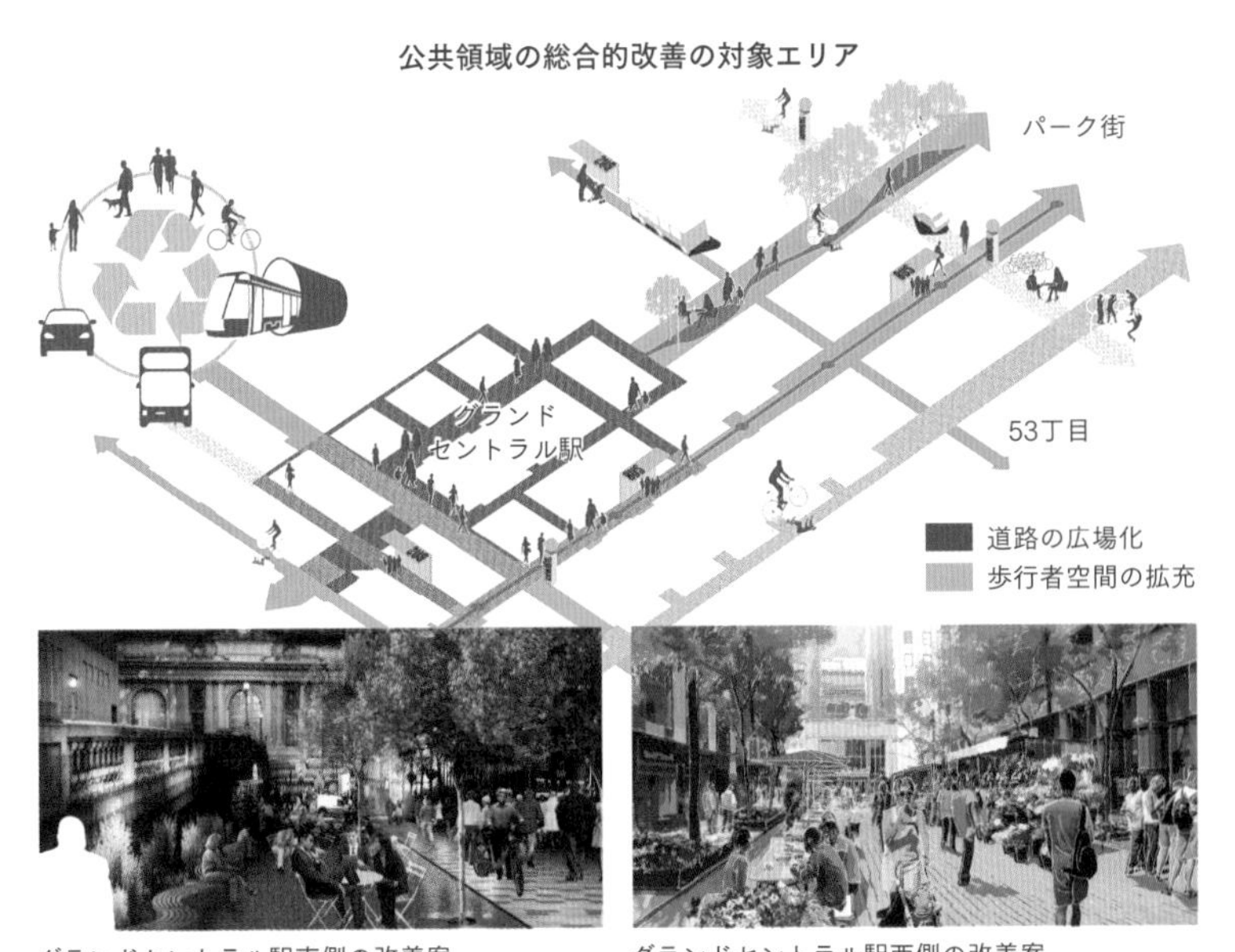

図17｜イーストミッドタウン街区の公共領域改善計画（出典：ニューヨーク市都市計画局の資料に筆者加筆）

公共領域の改善策を具体化するワークショップを2013年7月から開始した。1回目のワークショップでは、プロジェクトチームによる関係者へのインタビューをもとに市民と共に現状分析を実施した。その結果、建物用途の多様性の欠如、公共空間のアクティビティの低さ、街路空間の利用者割合と空間占有割合の不一致などの課題が浮かび上がった。そこで第2回のワークショップでは、これらの課題を解決するためにプロジェクトチームが考案した「公共空間の連結」「東西方向の接続改善」「歩道空間の混雑緩和」「公共空間の活性化」などに関する改善策について議論を行った。そして第3回のワークショップでは、第2回での議論を踏まえて改善策をブラシュアップし、図17に示すようなグランドセントラル駅周辺の道路を広場化したニューヨークメインエントランスの整備、民有公共空間が点在する53丁目の歩行者空間の拡充、パーク街中央分離帯の公園化などを提案し、報告書を取りまとめた。

民間からの提案を可能にした協議型容積率緩和制度の創設

ゾーニング変更の申請書は2013年9月に市都市計画委員会で承認され、10月から市議会の各委員会で検討が開始された。しかし、ハドソンヤード特別地区の容積売却が進んでおらず、当初よりも市の財政負担が増加する恐れがあると市独立予算委員会が批判したため、市議会では容積売却制度による資金調達に対して懸念が広まった。また、イーストミッドタウン街区の指定によって、市が多額の予算を投入しているハドソンヤードやワールドトレードセンターの再開発事業に悪影響を及ぼすことも不安視された。こうした懐疑的な見方が議会内で大勢を占めてしまったため、都市計画局は11月に申請を取り下げて、ブルームバーグ市長退任後に再検討することを表明した。

その後2014年1月にデブラシオ市長が就任し、市は5月にミッドタウンイーストのゾーニングを段階的に変更することを公表し、図18に示すようにグランドセントラル駅西側の5ブロックをヴァンダービルト・コリドーとして区域指定した上で、コリドーの基礎容積率を1500%に指定し、特別地区容積移転制度の修正と協議型容積率緩和制度の導入を提案した。この協議型容積率緩和制度とは、開発事業者が提案する公共貢献の対価として、容積率を最大3000%まで緩和するものである。また、特別地区容積移転制度の修正は、容積移転の上限値を2160%から300%に変更するものであった。さらに、グランドセントラル駅西側のヴァンダービルト通りを広場化することもあわせて提案された。

このように、新たな提案では、市による債券発行を伴う容積売却制度から資金調達が不要な協議

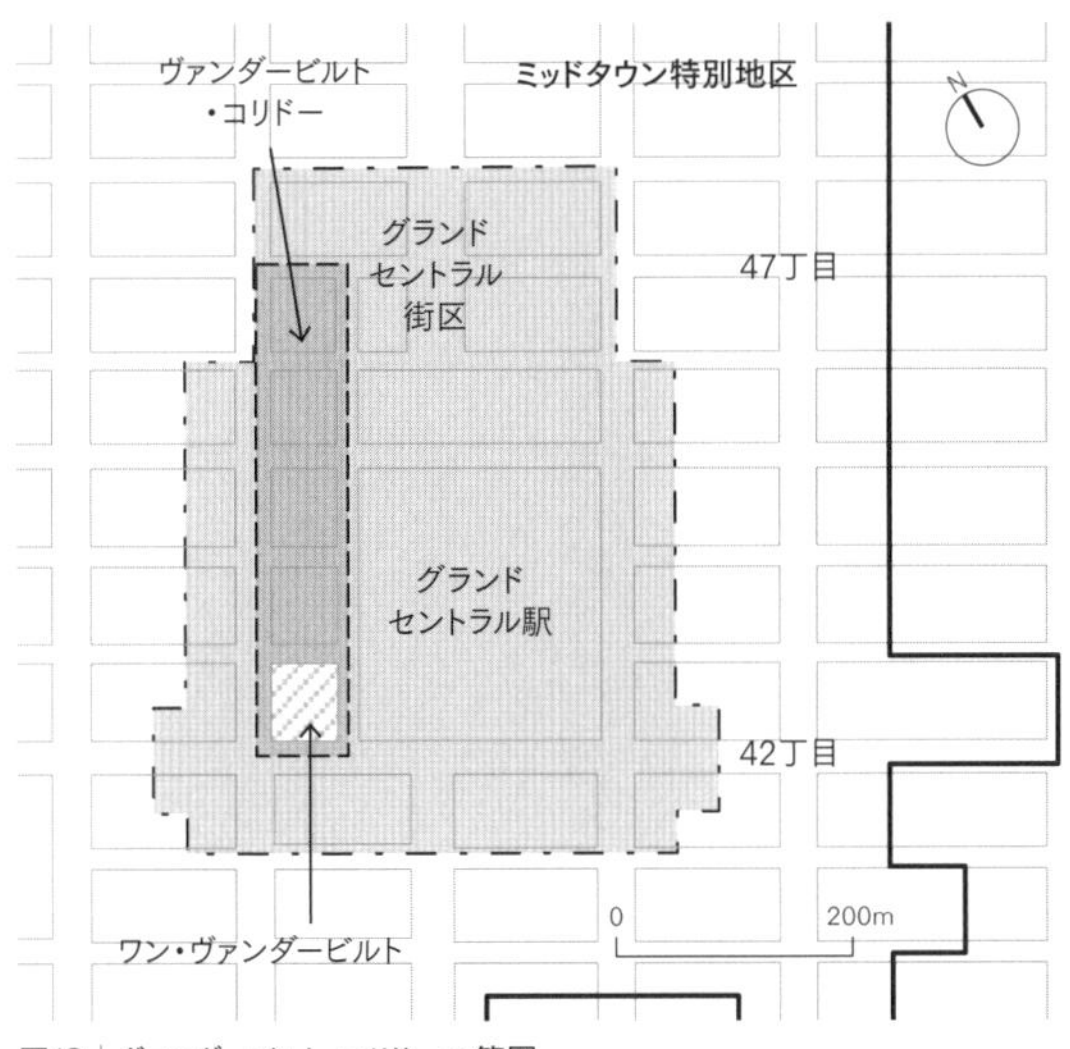

図18｜ヴァンダービルト・コリドーの範囲

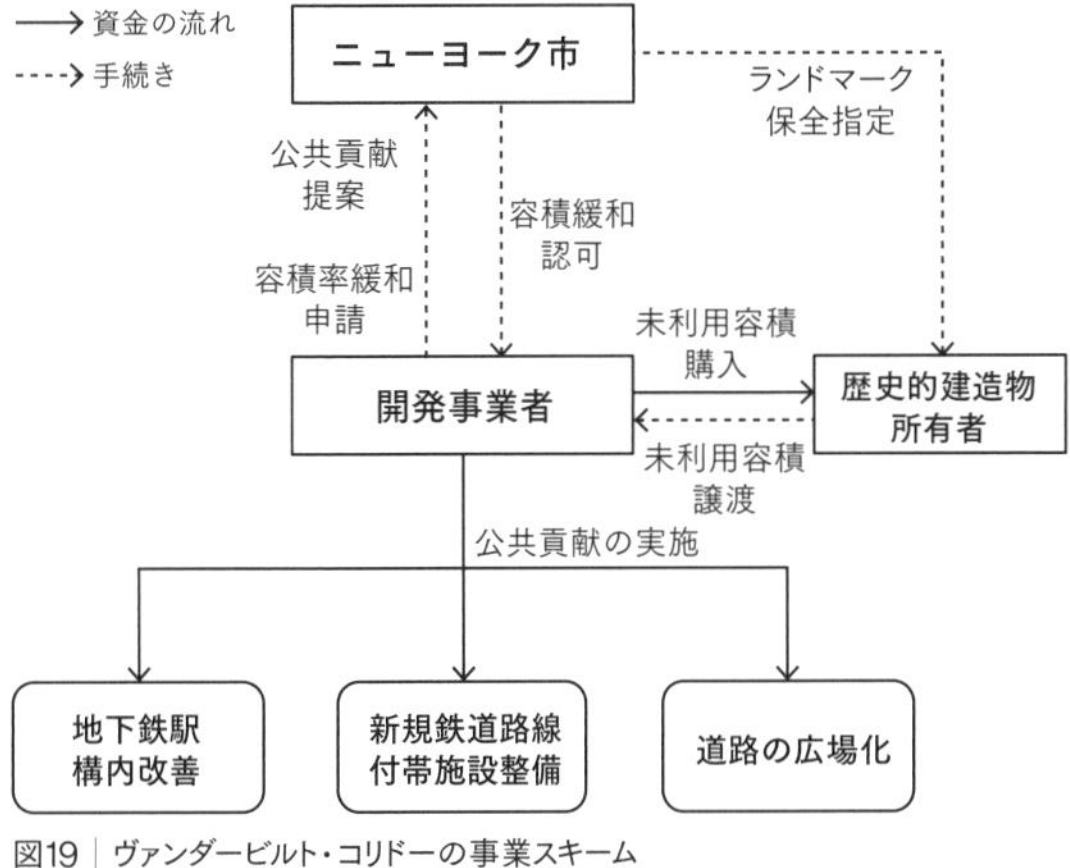

図19｜ヴァンダービルト・コリドーの事業スキーム

型容積率緩和制度へと変更することで、金利上昇などの財政負担リスクを低減して公共交通空間と歩行者空間の改善を目指した［図19］。また、容積率緩和制度の適用区域が大幅に縮小されたことに伴い、改善に必要な対価を確保するために、容積率緩和の範囲が900％（従来提案制度：1500％→2400％）から1500％（協議型容積率緩和制度：1500％→3000％）へと大きく拡大された。

民間が拠出する2・1億ドルの公共貢献による公共空間の改善

ゾーニング変更案は、新たな制度を活用した初めての再開発であるワン・ヴァンダービルトの特別許可と同時に審議された。ワン・ヴァンダービルトは、2013年のイーストミッドタウン街区指定の検討段階から計画されており、近隣のクライスラービルを大きく上回る高さ427mの超高層オフィスビルを建設する計画である。再開発では、基礎容積率1500％に開発事業者が所有する歴史的建造物の未利用容積1万㎡（容積率263％に相当）を移転し、これに公共貢献の対価を加えて合計6万㎡（容積率1500％に相当）の緩和が提案された。

2・1億ドル（約190億円）を投じた公共貢献は、図20に示すように大きく分けて六つの歩行者空間と公共交通空間の改善が提案された。第一は新設される駅ホームまでのコンコースを整備するイーストサイドアクセス・コネクション、第二はグランドセントラル駅からタイムズスクエアを結ぶ地下鉄シャトル線の滞留空間や地上出入口を拡張するシャトル線・インプルーブメント、第三は

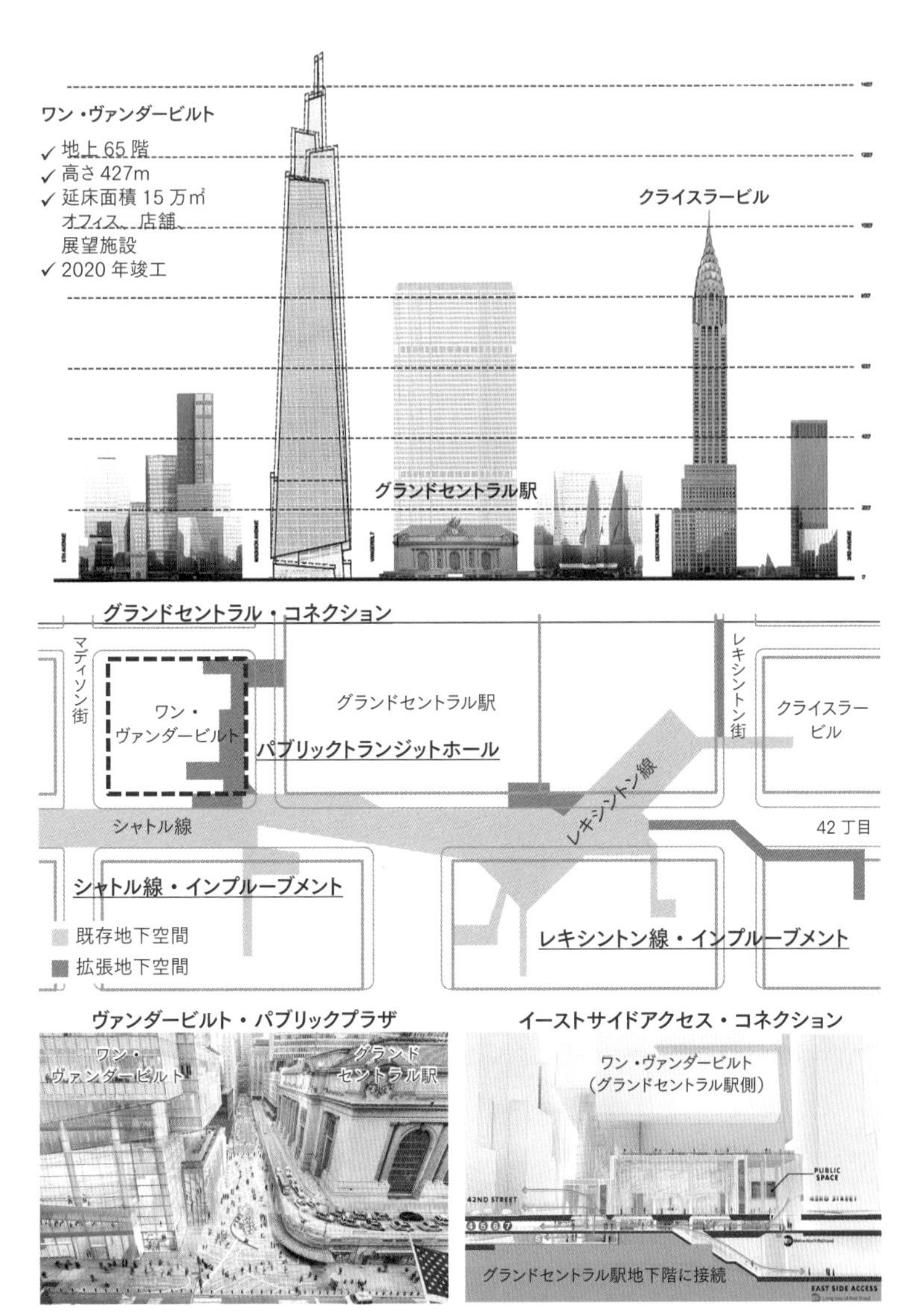

図20｜ワン・ヴァンダービルトの公共貢献（出典：ニューヨーク市都市計画局の資料に筆者加筆）

ワン・ヴァンダービルトの地下階とグランドセントラル駅の地下階を接続するグランドセントラル・コネクションである。そして第四は、建物北角部に370㎡の屋内滞留空間と地上出入口を整備するパブリックトランジットホール、第五はヴァンダービルト通りを広場化するヴァンダービルト・パブリックプラザ、第六はホームの新設で利用者増加が見込まれる地下鉄レキシントン線の既存階段や地上出入口を改修し、滞留空間を新設するレキシントン線・インプルーブメントである。

これらの公共貢献によって駅構内は従来よりも約38％拡張されることが提案され、市の優先度が高かった公共交通空間の改善に加えて、2013年のワークショップで提言された歩行者空間の改善に関するものが数多く取り込まれた。2015年4月、市議会の土地利用委員会で、委員長がイーストミッドタウン街区指定の提案において懸念されていた問題点がすべて解消されたと発言し、2・1億ドルの公共貢献を引き出したことを高く評価した。その結果、全員賛成でゾーニング変更の申請書が承認され、翌月には市議会で承認されるに至った。

公有公共空間の再生を目指した容積移転負担金制度の創設

2017年1月、ついにミッドタウンイーストのゾーニングを抜本的に変更する提案が都市計画局から公表された。提案は、ヴァンダービルト・コリドーを除いた39丁目から57丁目と3番街から5番街までの範囲をイーストミッドタウン街区として新たに指定するものであった。これは4年前

図21｜900㎡の広場が整備されるJPモルガン・チェース銀行の新本社ビル（提供：New York YIMBY）

に取り下げられた提案とほぼ同一の範囲であり、基礎容積率を1200～1500％に指定し、既存の地下鉄駅の改善ボーナスと特別地区容積移転制度によって最大1800～2700％まで緩和することを可能とするものであった。さらに道路の広場化、パークレットの設置、歩道の拡幅といった公共空間の改善策を実現するため、容積移転負担金制度の導入によってこれらの整備費用を捻出することが提案された。この容積移転負担金制度とは、歴史的建造物から未利用容積を移転する際に開発事業者が移転する容積量に応じた負担金を支払うしくみであり、すでにミッドタウン特別地区のシアター街区に導入されていた。この提案は、同年6月に都市計画委員会で承認され、8月に市議会で可決された。

2018年2月、グランドセントラル駅北側にあるJPモルガン・チェース銀行本社ビルの建て替えが発表された［図21］。同建物は1961年に竣工した52階建てのオフィスビルで、約6千人が勤務している。再開発計画では、グランドセントラル駅の未利用容積6・5万㎡を2・4億ドル（約260億円）で購入し、地上70階建て・1万5千人が収容可能なオフィスビルを2024年までに竣工させる予定である。また、同社は市が設立した公共領域改善ファンドに4167万ドル（約46億円）を拠出しており、駅周辺の道路の広場化や地下鉄駅の改善に充当されている。

（北崎朋希）

5-5

ロウアーマンハッタン

BIDが主導する既存不適格の民有公共空間の再生

相次ぐ災害によって低迷した世界最大級のビジネス街

これまで見てきたように、ニューヨークでは企業の誘致競争に公共空間の魅力が重要な役割を果たすようになっており、各地でさまざまな取り組みが展開されている。この競争に乗り遅れていたのが、市内で最古のオフィス街であるロウアーマンハッタンである。ワールドトレードセンターやウォール街を擁する当地区は、約25万人が働く世界最大級のビジネス街である。しかし、2000年以降の相次ぐ災害によって、企業や店舗の流出に悩まされ続けてきた。特に大きな被害をもたらしたのが、2001年9月に発生した同時多発テロである。この災害によって約121万㎡のオフィスストックが消失し、さらに周辺の建物にも甚大な被害を及ぼした。その結果、2002年から05年までに就業者数が3万人減少し、多くの企業や店舗がミッドタウンやジャージーシティに移転した。その後、積極的な公的支援によって2006年には就業者数が回復傾向に転じたが、2008年9月の世界金融危機によって足踏みを余儀なくされた。さらに2012年10月のハリケーン・サン

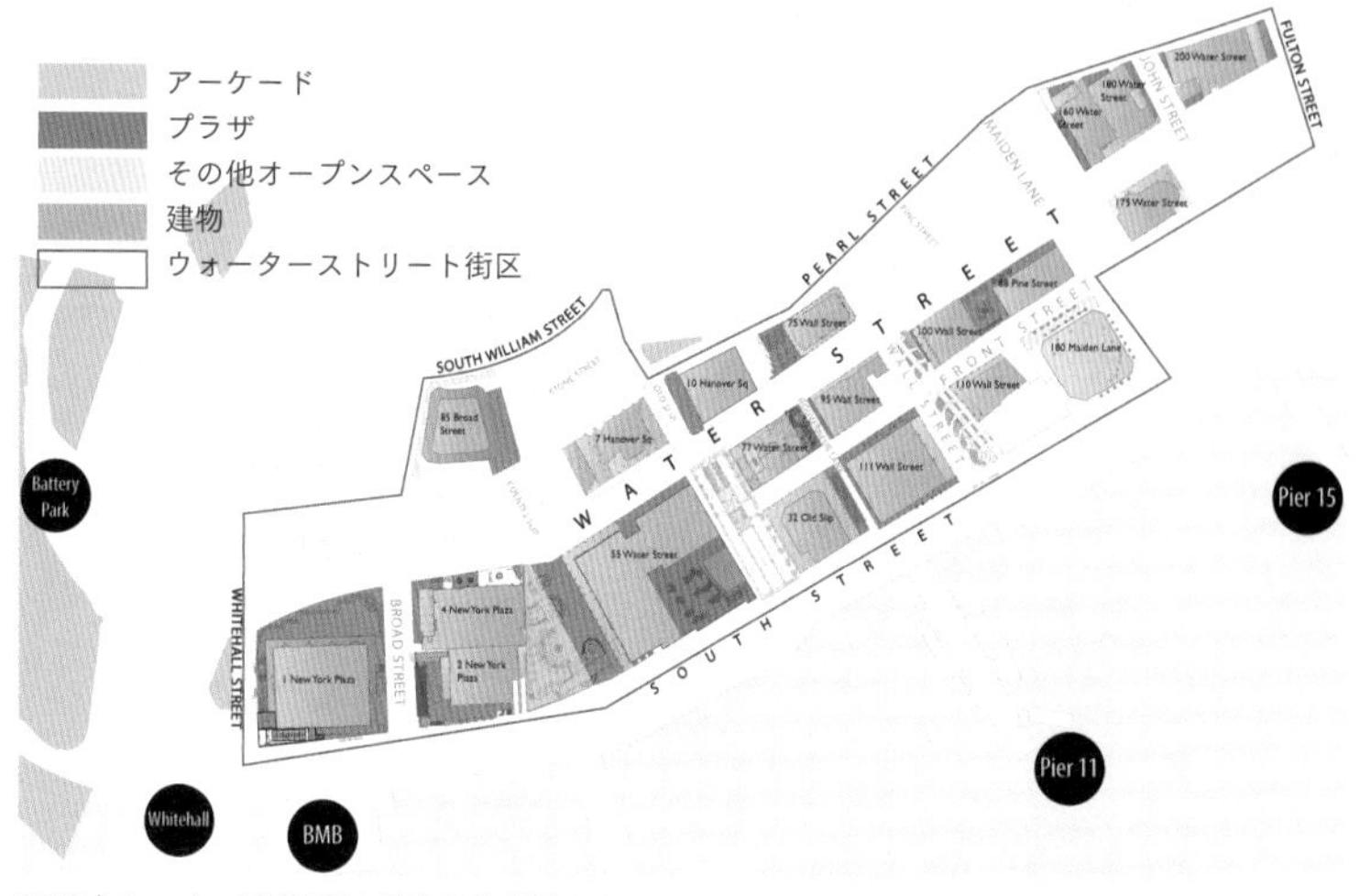

図22｜ウォーター通り周辺の民有公共空間（出典：Alliance for Downtown New Yorkの資料に筆者加筆）

ディの上陸によって、数多くの建物が被害を受け、多数のオフィスや店舗が一時閉鎖に追い込まれた。

こうした相次ぐ災害の到来によって、ロウアーマンハッタンはビジネス街としての競争力を喪失し、高い空室率とオフィス賃料の伸び悩みに苦しむようになった。一方、1995年に導入された住宅転用促進策が功を奏し、2000年に2・3万人であった居住人口が2015年には2倍以上の5・1万人にまで増加するなど明るい兆しも見え始めていた。このように、近年のロウアーマンハッタンはオフィス街から職住近接型の街へと地域特性が大きく変化している最中にあり、それに伴ってこれまでに整備されてきた公共空間の再定義に迫られていたのである。

BIDが主導した公共空間再生計画の策定

2007年の民有公共空間のデザイン基準の改定を

受けて、ロウアーマンハッタンのBID組織であるADNY（Alliance for Downtown New York）は、民有公共空間が最も集積するウォーター通り周辺の現況調査を実施した。1962年に道路拡張が行われた当街区には、1960年代から70年代にかけて超高層オフィスビルが数多く竣工した。こうした建物の多くはプラザボーナスを活用しており、地区内には図22に示すような2万㎡のプラザと1万㎡のアーケードが整備されていた。しかし、デザイン基準の未策定時期に建てられたものが多く、利用方法が十分に考慮されていなかったり、ベンチや植栽などのアメニティも不足していた。また、最低限の広さを有していないプラザやアーケードも多く、一部はデッドスペースになっていた。

ADNYでは、こうした問題点を整理し、2008年9月に調査報告書を公表した。さらに翌月には、この報告書をベースに地権者・不動産仲介業者・小規模事業主・専門家・住民らと共にウォーター通り特別委員会を設立し、新たな街のあり方に関して検討を開始し、複数回の議論を重ねて2010年6月にウォーター通り街区再生計画を公表した。この計画では、ウォーター通り周辺で夜間や週末に歩行者が少なく、他のオフィス街と比較しても活力に欠けることが問題視された。特別委員会では、この要因として、①歩行者レベルでの空間の魅力の欠如、②魅力に乏しい民有公共空間の配置とデザイン、③自動車交通による安全性の低さ、④飲食や物販などの消費機会の少なさを指摘した。そこで街区再生計画では、①特徴的な大通りの形成、②歴史的建築物やウォーターフロントとの連続性の向上、③公共空間の再編成、④ウォーター通りにおける活動時間の延長の4点が方針として掲げられた。この計画を受けて、ADNYと市は社会実験としてアーケード内にカフェを設置することを提案し、2011年4月にゾーニングの変更が市議会で可決され、民有公共空間の商業利用を可能とする公共空間活性化エリアに指定されるに至った。これによって複数のアーケードにカフェが設置された。

民有公共空間における夏季限定イベントの開催

その後、ADNY、市経済開発公社、都市計画局は、民有公共空間をさらに活性化させるために商業利用の自由度の拡大を検討した。その結果、2013年5月に、プラザやアーケードでのイベント開催やアメニティ設置に関する認可を年内は不要とすることが市議会で可決された。これを受けて、経済開発公社が主導して2013年7月から9月初旬にかけて夏季限定のイベント「Water Street POPS!」を開催し、普段は使われることが少なかった民有公共空間を活用してジャズライブ、フードイベント、ヨガスクール、アート展示など約200の催しが実施され、5・5万人を集めることに成功した。また、同年には交通局がウォーター通りの起点にあたる交差点を改良し、テーブルや椅子を設置したプラザを整備したり、一部の細街路を広場化して、取り組みに協力した。

民有公共空間再生ガイドラインの策定

図23｜民有公共空間の現状（上）と再生後（下）のイメージ（提供：Alliance for Downtown New York）

このイベントの成功を受けて、ＡＤＮＹは市関係主体に建築家やプランナーを加えたプロジェクトチームを設立した。このチームでは、民有公共空間の再整備に向けたデザインガイドラインの策定や、民有公共空間の一部を商業利用することで整備費用を捻出する可能性を検討した。さらに２０１３年11月にはプロジェクトチームが地権者向けに説明会を開催し、問題意識や目指すべき都市空間像の共有を段階的に進めていった。

説明会では図23に示すようなウォーター通り周辺の民有公共空間の再整備イメージを複数提示し、再整備に要する費用を民有公共空間に設置する店舗などの賃料収益で賄うしくみを説明した。試算では、大部分の建物において公共空間の再整備費用を捻出できることを示し、さらに波及効果としてオフィス賃料も数ドル増加する可能性を指摘した。そして２０１４年10月、プロジェクトチームは説明会での意見交換を踏まえて最終報告書を作成し、都市計画局がＡＤＮＹと共にゾーニング変更案の検討を開始した。

民有公共空間再生制度の創設と今後の課題

ゾーニング変更案には、ウォーター通り周辺の16ブロックをウォーターストリート街区として指定し、アーケード内に店舗を設置する場合には敷地内のプラザを新しいデザイン基準に準拠して大規模改修を行う民有公共空間再生制度を創設することが明記された。設置される店舗はレストランやアパレルショップ、ギャラリーやコミュニティ施設などに限定され、賑わいの低いコンビニエンスストアや銀行などの立地は制限された。また、敷地内にプラザがなくアーケードのみが存在する3棟の建物は、プラザの代わりに交通局が道路を広場化した箇所を大規模改修することとした。このゾーニング変更案は、2016年4月に都市計画委員会で承認され、6月に市議会で可決された。

このような民有公共空間再生制度の創設に至るまでには、BID組織であるADNYの主体的な活動が非常に大きな役割を果たした［図24］。これには二つの理由がある。第一にADNYが地区全体の資産価値向上を最大の目的にしている点である。一般的に雇用や居住人口の増加が見込める地区でのゾーニング変更やインフラ整備に注力している市では、特定地区の民有公共空間の再生を主導することは困難であった。そのため民有公共空間の再生は地権者の自発的な行動に委ねられてきたが、ロビーやエレベーターなどの建物共用部の大規模改修とは異なり、テナント誘致に大きく影響を与えるものではないと捉えられてきたために長年着手されてこなかった。そこで地区全体を俯瞰してさまざまな問題の解決にあたるADNYが主導し、民有公共空間の再生の必要性を喚起していったと考えられる。第二にADNYが公共空間の再生に長けた専門的人材を抱えている点が挙げられる。ADNYは他のBIDと同様に地区内の清掃や警備を主たる業務として設立されたが、近年は公共空間を活用したイベント開催なども積極的に展開してきた。そのためマーケティングスタッフやプランナーなどを直接雇用しており、年間230万ドル（約2・5億円）にのぼる予算を活用してイベントの開催・運営や公共空間の改良に注力している。こうしたスタッフの多くが市や不動

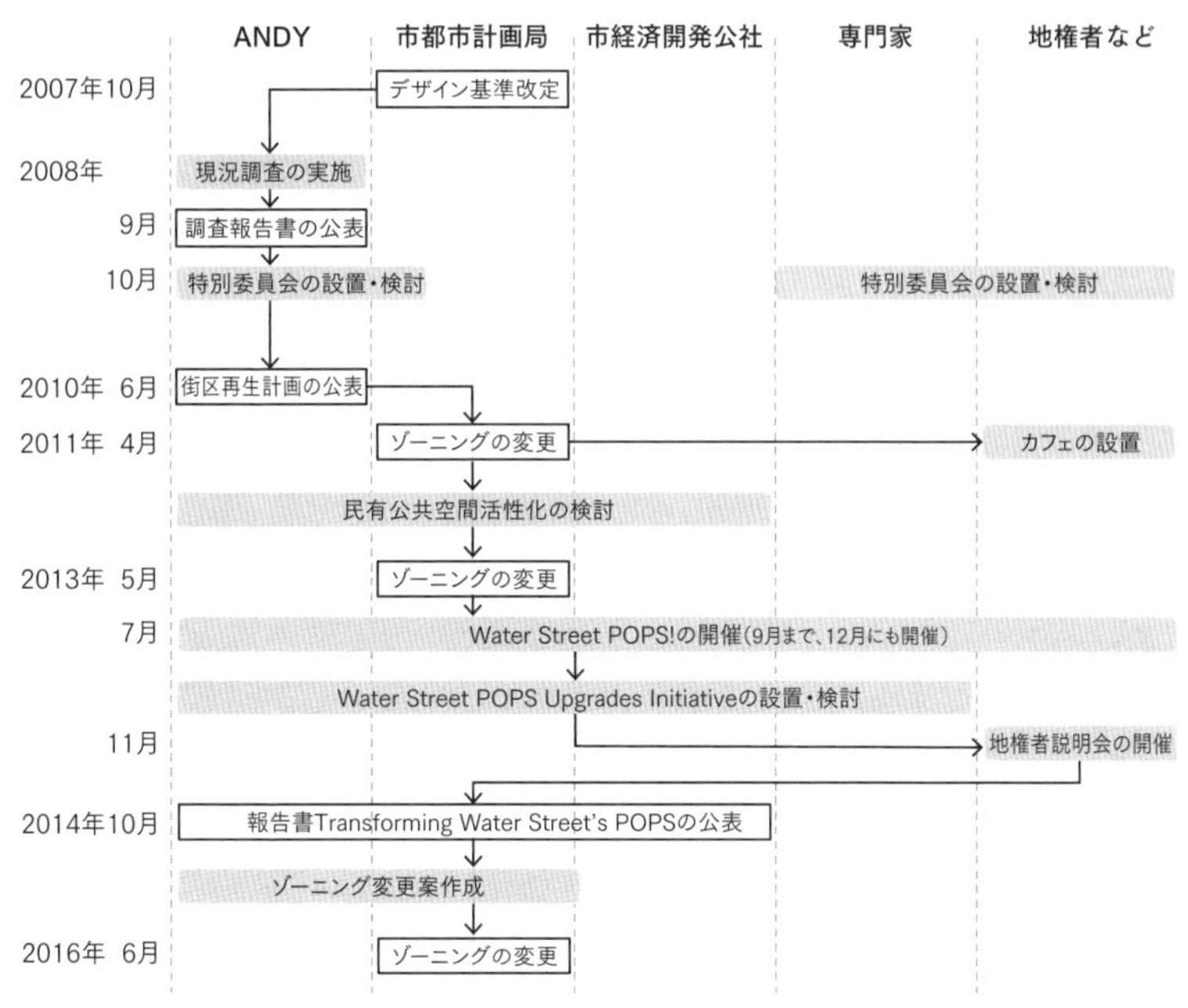

図24｜民有公共空間再生制度創設の経緯

産会社などでの勤務経験を有しており、官民双方の行動原理を熟知していることから、関係者間の利害を調整することにも長けている。こうした高い専門性を有する人材を抱えていることが、民有公共空間再生制度導入に深く関与することを可能にしている。

2017年7月、民有公共空間再生制度を活用した初めての提案がコミュニティボードに提出された。提案は、372㎡のプラザと297㎡のアーケードを有している地上32階建て・576戸の賃貸住宅（200ウォーターストリート、1973年竣工、2009年にオフィスから賃貸住宅に用途転換）の所有者から持ち込まれた。提案では、図25に示すようにアーケードの1階部分にレストランやカフェ

図25｜200ウォーターストリートの現状（上）と改修案（下）（提供：MdeAS Architects）

を設置し、2階部分には賃貸住戸を導入する計画であった。所有者は、この対価としてウォーター通りに面したプラザに現在のデザイン基準に適合するよう新たにベンチやテーブル・植栽などを設置し、大規模改修することを提案した。しかし、審査を行ったコミュニティボードでは、提案されたプラザの大規模改修は魅力に欠けると評価し、新たに商業目的で利用できることになる約465㎡の床面積を生み出す対価としては不十分だとして提案を棄却するに至った。コミュニティボードでは、新たな商業床の創出によって少なくとも年間80万ドル（約9千万円）の賃料収入が増加することを見込んでおり、所有者には収入増加に見合う公共貢献の再考が求められた。

このように、本制度にはプラザの改修費用とアーケードの商業化による収益とのバランスを保つための明確な判断基準がまだ存在していないため、制度の活用には多くの不確定要素が残っていると言える。ADNYが本制度の導入検討に際して実施した試算では、プラザの改修費用に1㎡あたり5380ドル（約63万円）を要するとしており、アーケードに設置した店舗から1㎡あたり月額1940ドル（約23万円）の収入を得ることを前提としていた。しかし、プラザとアーケードの割合は各建物によって大きく異なるため、プラザの割合が大きい建物では費用対効果が見込めないことから、制度の導入に反対する地権者も存在した。そのため、今後この制度の活用を促進するためには、プラザの改修費用やアーケードの商業化による収益を街区全体で管理するしくみなどを検討していく必要があるだろう。今後、この民有公共空間再生制度がどのようにプラザやアーケードの再生に寄与していくのか、引き続き注視していきたい。

（北崎朋希）

参考文献

5-1、5-2

- Jon A. Peterson, The Birth of Organized City Planning in the United States, 1909-1910, Journal of the American Planning Association, 75(2), 2009
- Todd W. Bressi, Richard L. Schaffer, Planning and Zoning New York City: Yesterday, Today and Tomorrow, CUPR/Transaction, 1993
- Jerold S. Kayden, Privately Owned Public Space: The New York City Experience, Wiley, 2000
- New York City Department of City Planning, New York City's Privately Owned Public Spaces https://www.nyc.gov/site/planning/plans/pops/pops.page

5-3

- 北崎朋希・有田智一「インフラ整備を目的とした容積売却による資金調達手法の導入過程と活用実態：ニューヨーク市ハドソンヤード特別地区における DIB を対象として」『日本都市計画学会学術研究論文集』No.50-3、2015 年
- Hudson Yards Development Corporation, The Hudson Yards Project https://www.hydc.org/rezoning
- New York City Department of City Planning, Hudson Yards Overview https://www1.nyc.gov/assets/planning/download/pdf/plans/hudson-yards/hyards.pdf

5-4

- 北崎朋希「ニューヨーク市における公共領域の改善を目的とした協議型容積率緩和制度の導入過程と活用実態：ミッドタウン特別地区グランドセントラル街区ヴァンダービルト・コリドーを対象として」『日本都市計画学会学術研究論文集』No.52-2、2017 年
- New York City Department of City Planning, Vanderbilt Corridor http://www1.nyc.gov/site/planning/plans/vanderbilt-corridor/vanderbilt-corridor.page
- New York City Department of Transportation and City Planning, Places for People: A Public Realm Vision Plan for East Midtown http://www1.nyc.gov/assets/home/downloads/pdf/reports/2013/Public-Realm-Vision-Plan-East-Midtown.pdf

5-5

- 北崎朋希・有田智一「ニューヨーク市における地域活性化を目的とした民有公共空間再生制度の導入過程：ロウワーマンハッタン特別地区ウォーターストリート街区を対象として」『日本都市計画学会報告集』No.16-1、2017 年
- Alliance for Downtown New York, Water Street Study Existing Conditions, 2008 http://www.downtownny.com/sites/default/files/Water%20Street/01%20Water%20Street%20Study%202008%20Existing%20Conditions.pdf
- Alliance for Downtown New York, Water Street A New Approach, 2010 http://www.downtownny.com/planning-reports
- New York City Department of City Planning and New York City Economic Development Corporation, Transforming Water Street's Privately Owned Public Spaces, 2014 https://www1.nyc.gov/assets/planning/download/pdf/plans-studies/water-street-pops/pops_upgrades_brochure.pdf

6章 デザインガイドラインとプログラム

自治体が都市をどの程度管理しているのか、人々は忘れがちである。縁石形状、屋根勾配などあらゆる要素の基準を自治体が定め、私たちの都市体験は変わるのだ。

デヴィッド・バーニー「都市の建築に大胆で新しいビジョンを提示する」
ニューヨーク・デイリーニューズ、2013

6-1

野心的な公共空間再編を実現する制度

公共空間の再編を下支えする意思決定の土台

コロナ禍では、社会が望む方向に向かって、あらゆる取り組みが加速したと言われる。ニューヨーク市交通局は、既存の歩道幅員では十分に対人距離が確保できないという懸念から、2020年4月27日、市内の160kmの街路の車線を歩行者とサイクリストのために段階的に解放する「オープンストリートプログラム」を公表し、さらに、飲食店の屋外座席の規模拡大を図る「オープンレストラン」を始動し、飲食店の事業機会を支えてきた。また、有料の文化活動を展開できる道路占用料無償の施策「オープンカルチャー」によって、屋外での文化活動がますます活発化している。

こうした取り組みが即時的に展開した背景には、大きく二つの理由が考えられる。一つ目は、過去の市政による基礎となる環境整備の蓄積である。ディンキンス市政とジュリアーニ市政において特に治安が大幅に改善され、その土台の上でブルームバーグ市政期において明確なビジョンと登用された優秀な局長陣のチーム編成により飛躍的に公共空間が整備されている。二つ目が、こうした取り組みを下支えする意思決定の制度の構築である。地域における意思決定の中心的な役割を果たしている主体の一つが、コミュニティボードである。ニューヨーク市では、五つの行政区ごとにコミュニティボードが設置され、50名のボランティア・メンバー（半数を区長が任命、残り半数を市議会が任命）で構成される。土地利用や開発といったトップダウンの政策を精査し地元の意向を表明する住民代表組織であるコミュニティボードと、事業者（地権者）を代表するBID組織が、民間の意思決定を促進する上での両輪となっている。

人間・健康・文化を中心に据えた先駆的制度

本章では、こうした意思決定の土台の上で人間・健康・文化の切り口で導入された制度に着目したい。2節では、ジャネット・サディク＝カーン元交通局長が推進した、人間本位の街路設計基準を示した「ストリートデザインマニュアル」について取り上げる。続く3節では、公共空間の質を向上するために、デザイン・建設局が導入した入札制度「デザイン・建設エクセレンスプログラム」のしくみについて解説する。4節では、市民の健康を増進する都市環境を構築する「アクティブデザインガイドライン」について取り上げる。さらに5節で、文化施設のコンテンツとプログラムを集積し、エリアを活性化するカルチュラルディストリクトの取り組みに注目したい。

（関谷進吾）

6-2

ストリートデザインマニュアル

人が主役の街路に変える

街路を地域の公共空間へと変えていくためのデザイン指針

ニューヨーク市の「ストリートデザインマニュアル」は、ジャネット・サディク＝カーンが交通局長を務めていた2009年に発行された。街路のデザインというと日本では景観を扱うことが一般的だったが、このマニュアルは機能に関するデザイン指針であり、アメリカ全州道路交通運輸行政官協会の「グリーンブック」やアメリカ連邦高速道路局の「統一交通制御装置マニュアル」等の国レベルの基準では明示されていない「地域の公共空間」としての規定をまとめたものである。その内容とグリーンブックとの比較を表1にまとめた。具体的には、街路の機能を通過交通処理から地域貢献に変換するための根拠、構造の選択肢、計画・設計・管理・活用のプロセス、街路事業と市の他事業との補完関係が示されている。

	グリーンブック（国レベルの代表的基準）	ニューヨーク市ストリートデザインマニュアル
目的／目標	安全性と輸送効率性を満たす断面構成、定量的な値、その他参照すべき基準を示す。補修・復旧以外の新規建設、再建設への適用	街路を、公衆衛生、住民の生活の質に大きな影響を与える地域の「公共空間」として捉え、地域の文脈やニーズに配慮した空間とする ①安全性、②アクセスと移動手段のバランス、③地域の文脈、④公共空間としての街路、⑤持続性、⑥経済性の実現をデザインの目標とする
想定する利用者	幹線道路設計者、エンジニア、自治体職員	設計者、市職員、地域民間組織、デベロッパーなど
章構成	1. 幹線道路の機能 2. 規格の制限と基準 3. 構成要素の規格 4. 断面の構成要素 5. 生活道路および街路 〈小項目〉 交通容量、速度、視界、舗装等級、直線部設計、横断勾配、片勾配、車線数、幅員、駐車帯、中央分離帯、カーブ設計、排水、クルドサック、袋小路、歩道、歩道部カーブランプ、私設車道、橋梁車道幅員、クリアランス、境界部、街路上施設、交差点、踏切、照明、標識等、土壌浸食コントロール、植栽、自転車用施設 6. 補助幹線道路および街路 7. 地方部と都市部の幹線道路 8. 高速道路 9. 交差点 10. 立体交差とインターチェンジ	導入部　街路デザインの理念 1. プロジェクト別の運用プロセス 2. 断面構成 〈小項目〉 車線および専用道（プラザ含む）、歩道および中央分離帯、交通静穏化 3. 舗装素材 4. 照明 5. ファニチャー 6. 植栽
上位行政機関基準の扱い		上位行政機関のガイドライン・基準の代替ではなく、補完する内容とする

表1｜グリーンブックとストリートデザインマニュアル（第2版）との比較

簡潔な紙面と内容のアップデート

サディク＝カーンは自著『ストリートファイト』において、街路のあり方に対する市民の認識、すなわち「不文律のコード」の重要性を説いている。ストリートデザインマニュアルは、街路に関する新しいアイデアを局内外そして公民を横断して共有し、「不文律のコード」を書き換えていくためのツールでもある。内容としては、街路の路上・路面・地下空間が果たす機能を包括的に捉えた上で、①安全性向上とそのための実験の積極的な実施、②物流や緊急車両を含む地域へのアクセスと移動可能性のバランスの強化、③景観、断面構成などへの地域性の反映、④歩行者や自転車のアクティビティ活性化によるコミュニティに貢献する公共空間の創出、⑤水害や温暖化リスクを見据えた持続性とレジリエンスの向上、⑥ライフサイクルコストの効率化につながる素材の選定などに関する項目が収録されている。

交通局ではマニュアルの構成を随時アップデートし、ニューヨークが直面する課題やミッションに関して、街路デザインによる解を示してきた。ハリケーン・サンディの被災後にまとめられた第2版（2015年）では、第1版で小項目だった「植栽」が、豪雨雨水処理の機能も踏まえて大項目として増補された。そして、最新の第3版（2020年）では、目的／目標にデブラシオ市政の長期計画「OneNYC 2050」の柱の一つである「包摂性」が加えられ、すべての人々が移動しやすい社会に求められる交通手段の優先順位（①徒歩、②自転車・バス・パラトランジット、③乗合型私的交通、④自家用車）が改めて確認された。さらに、住民の地元コミュニティへの参加意欲を高め、来街者が滞在を楽しめる場づくりを10年以上にわたり醸成してきた「街路活用プログラム」が、大項目として新たに取り上げられている。

紙面のデザインにもこだわりが見てとれる。図1に示す通り、設計者が参照するような詳細な寸法は記載されておらず、各項目について、交通手段や地域生活に対する効果、留意点、各プログラムに向く街路の特徴、設計ポイントが、カラー写真や図とともに簡潔に示されている。交通局内部に限らず、沿道の環境保全に関わる他部局の担当者、一般のワークショップ参加者といった多様な読者が、複数の代替案の利点・欠点を網羅的に閲覧しやすく、検討内容の幅を広げ円滑な対話を導

GEOMETRY: SIDEWALKS & RAISED MEDIANS　　2.2.6 Pedestrian Safety Island

Pedestrian Safety Island

Usage: Wide

A raised area located at crosswalks that serves as pedestrian refuge separating traffic lanes or directions, particularly on wide roadways. Also known as a "median refuge island." Used at pedestrian crossings when a full raised median is not feasible. A pedestrian safety island confers most of the same benefits as full raised medians at pedestrian crossings. Full raised medians should be used rather than pedestrian safety islands wherever possible. See GEOMETRY: RAISED MEDIAN.

項目名と適用シーン類型

説明文

ダイアグラム図

211th Street and 23rd Avenue, Queens

Riverside Drive, Manhattan

事例

Benefits

Enhances pedestrian safety and accessibility by reducing crossing distances and providing refuge for pedestrians to cross road in stages

Calms traffic, especially left turns and through-movements, by narrowing roadway at intersection

Reduces risk of vehicle left-turn and head-on collisions at intersection

Can green and beautify the streetscape with trees and/or vegetation, potentially including stormwater source controls

Trees increase the visibility of the island, potentially enhancing safety

Considerations

May impact underground utilities

Landscaping (excluding street trees) or stormwater source controls require a partner for ongoing maintenance, including executing a maintenance agreement

If there is a maintenance partner, design should consider the inclusion of irrigation system for long term maintenance

Application

See application guidance for GEOMETRY: RAISED MEDIAN

Design

See design guidance for GEOMETRY: RAISED MEDIAN

Typical island accommodates two street trees and, where appropriate, safety bollards. See LANDSCAPE: TREE BEDS and LANDSCAPE: RAISED MEDIAN (CURB HEIGHT). Street trees must not block vehicles' line of sight to the traffic signal

93

効果
留意点
適用条件
設計ポイント

図1｜ストリートデザインマニュアルの紙面

く媒体となっている。また、市内の前例だけでなく、試行中の取り組みについても海外の事例を示しながら解説されている。改訂の際には、成功が見込まれる進行中の事業を「パイロット事業」として加えていくマイナー・アップデート版をウェブ上で公開しており、利用者やステークホルダーのフィードバックを募る期間を設けて、掲載する項目と事例を洗練させている。

マニュアルの活用戦略

マニュアルの第1版の策定主体は、ブルームバーグ市政期の長期計画「PlaNYC」、そしてその交通部門戦略にあたる「サステナブル・ストリート」を上位計画として、複数局間をまたいでは、まず、2007年に形成された「ストリートスケープNYCタスクフォース」である。タスクフォースでは、①街路に用いられる素材や照明の性能に関する現場視察と、②政策プロセスに関わる枠組み・ツール・費用対効果に関する調査を実施した。その過程で、市の街路用地において「何が／どこまで実施可能であるか」という明確な指針がないことが明らかになり、マニュアルの策定が決定されたのである。権限が拡大されたタスクフォースにより草案が作成された後、関係者による案のレビューと承認を経て、発行に至った。こうした経緯から、市のデザイン・建設局、都市計画局、環境局、公園局、建築局、経済開発公社、ランドマーク保存委員会、公共デザイン委員会の要請や既存ガイドラインとの調整を行っているため、マニュアルは互いの取り組みを強化するものとして活用されている。

策定に伴う掲載項目の整理作業は、信号制御付きの自転車レーンや商業地区の景観にふさわしいコンクリートの路面素材など、それまで浸透していなかった整備例の発掘や義務化につながった。また、策定効果をさらに高めるために、予防的措置と受動的措置も整理されている。予防的措置では、マニュアルを、キャピタルプログラムと呼ばれる交通局のハード高質化や空間再配分の事業で必ず参照されるようにプロジェクトマネジメント（スコープ管理およびディレクターによるデザインレビュー段階）へ組み込んだ。併せて、交通局インハウス事業→他局・州等の街路関連事業→民間事業の順にマニュアルが影響力を持つと想定した上で、路上工事を伴う局外事業との連携、他局や民間主体の教育を実施している。一方、受動的措置としては、許認可、環境影響評価書や公共デザイン委員会といったデザインの質のレビュー機会を活かすことと、地域コミュニティや議員が交通局事業の説明責任に関心を寄せるような仕掛けをつくることが位置づけられている。交通局と公共デザイン委員会双方のレビューを必要とする事業の一例としては、歩道の質の向上（ディスティンクティブ・サイドウォーク）が挙げられる。貨幣価値に換算しづらいデザイン要素の費用対効果の設定や、各担当者へのレビュープロセスの浸透といった諸課題を克服しながら、実効性のあるマニュアル運用が実施されている。

このように、ニューヨーク市のストリートデザインマニュアルは、過去の事業成果をまとめ上げた単なるアーカイブではない。サディク=カーンは、これを「プレイブック」、つまり「交通局の経験に基づく戦略集」として発表した。ステークホルダー間の対話と街路への新しい視点の取り込みが重ねられるように、策定プロセスそのもの、そして策定後の活用戦略も周到に練られたものである。交通局は、マニュアルを通じて、街路デザインを進化させていく持続可能なシステムを構築したのである。

（三浦詩乃）

6-3

デザイン・建設エクセレンスプログラム

公共施設の質を向上する発注システム

庁内を横断するデザイン・建設局

ブルームバーグ市政期の2004年、建築士の資格を有する初の人材としてデザイン・建設局長に起用されたのがデヴィッド・バーニーであった［7章4節］。バーニー局長は、一連のプラザ建設を振り返り、公共空間の整備費用が建物の建設費と比べて圧倒的に低予算であるにもかかわらず、その費用対効果の大きさ、周辺地域への影響力は計り知れないと話している。実際、ブライアントパークの改修工事は、隣接する公立図書館の書庫を公園の地下に整備することに起因している。また、本節にて後述するイーストビレッジのアスタープレイスのプラザ整備は、水道管の再整備事業に伴わせて実施されており、いずれも地下施設の整備費用を活用して公共空間の再整備を実現している。こうした縦割りを超えた決断を成し遂げた背景には、デザイン・建設局の存在がある。

ブルームバーグ市長は、「環境負荷を低減する」総合計画である「PlaNYC」を2007年に公表し、ニューヨーク市史上最大の公共事業を展開した。その特徴には、①全体の89%が車両用だった道路を単なる通過動線と捉える考え方を改め、自転車や高齢者、子供を含む全利用者のための街路として捉え直したこと、②老朽化した既存施設を有効に修繕・改築・拡張するため、雨水処理システム（合流式下水道による河川放流量を減らす貯水）を導入するなど持続可能な環境構築を目指したこと（グリーンインフラ）、③生き生きとした環境を創出するために、公共空間の再編に重点を置いたこと、の3点が挙げられる。こうした事業を一手に引き受けたのがデザイン・建設局であった。同局は、ジュリアーニ市政期の1996年に設立され、それまで別々の管轄下にあった「交通局の街路事業」「環境局の上下水道事業」をはじめとして、18の部局による施設（警察署、消防署、衛生関連施設、矯正施設、図書館、文化施設を含む）の設計・建設を統合し、縦割りの関係性を解消することで、事業の効率化を図るために設立された。

公共施設の質を向上するために創設された「デザイン・建設エクセレンスプログラム」

バーニー局長が2004年7月に導入したのが、品質・費用対効果・耐久性の高い公共施設の普及を目的とする「デザイン・建設エクセレンスプログラム」である。この事業の特徴は、事業者の選定基準を「入札額」から「品質」を重視する方向に転換した点にある。各事業者は業績と資格によって選定され、事業価格については選定後の交渉の中で決められる。さらに、1500万ドル（約17億円）以下の業務については、職員数10名以下の事業者に限定することで小規模事業者の参画機会も確保した。この取り組みは、アメリカ建築家協会ニューヨーク支部などの地元の職能団体と提携することにより、事業者への周知も活発に展開されている。

交通局と環境局が連携発注したアスタープレイス・クーパースクエアの広場化

交通局のプラザプログラム［4章4節］の恒久化事業は、デザイン・建設エクセレンスプログラムにより実施されている。その一例が、2016年秋に竣工したアスタープレイス・クーパースクエアの広場化である。交通局と環境局の協働によって、バワリー通りと3番街の交差点付近の歩道改善と水道管取替の事業と同時に、三つの広場の整備と公園の改修を実現している［図2、3］。施主は交通局と公園局で、三つのデザイン事務所が選定された。歩道の

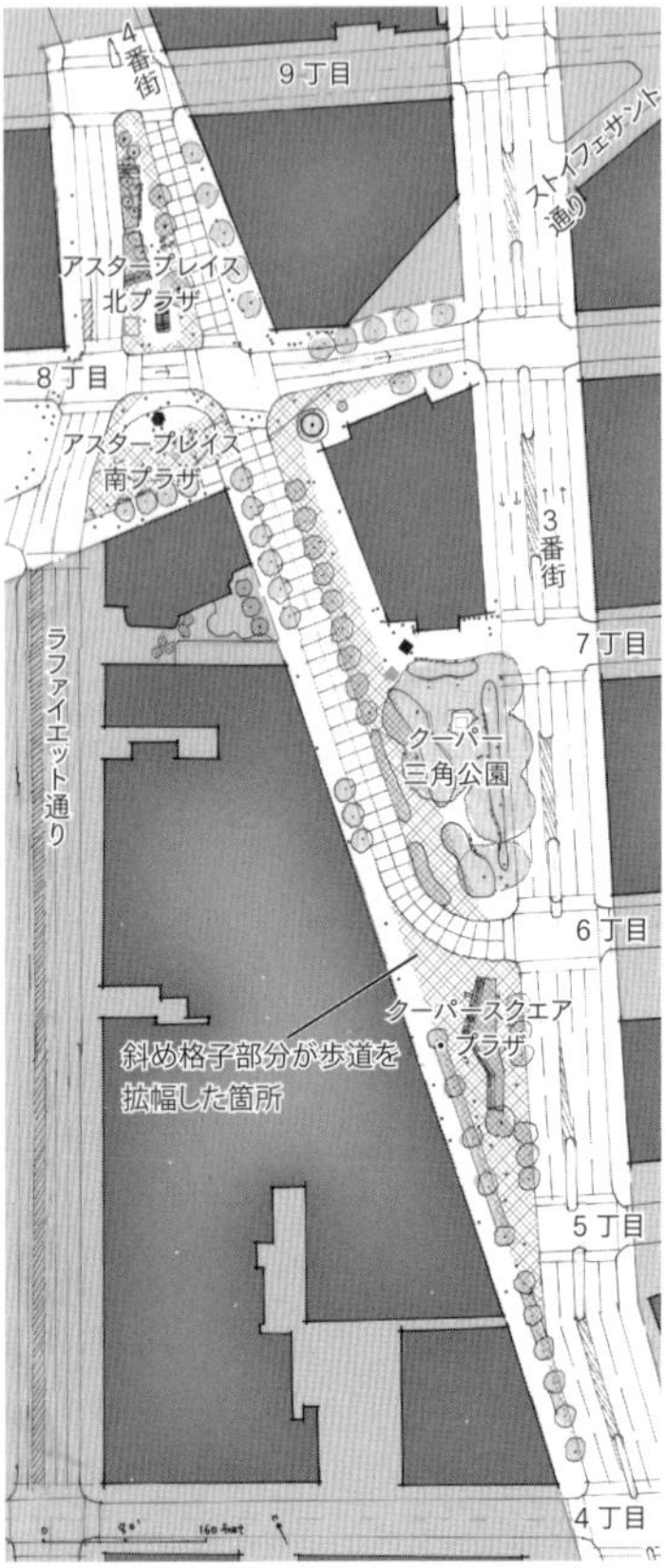

図2｜アスタープレイス・クーパースクエア平面図
（出典：Michael Bloomberg, David J. Burney, We Build the City: New York City's Design + Construction Excellence Program, 2014より筆者編集）

舗装に強度と水密性の高いフライアッシュコンクリートを使用し、植樹桝に雨水を浄化するバイオ濾過機能を組み込むことで、雨天時に未処理の下水が河川等に流れ込むことを防ぐ地下貯水機能が採用された。またクーパー三角公園では、緑被面積の拡張と歩行動線の改善、出入口の追加、64本の樹木、113台の駐輪場、615㎡の浸透性舗装が整備された［図4、5］。

（関谷進吾）

図3｜元車道に整備されたアスタープレイス南プラザ

図4｜クーパー三角公園

図5｜クーパースクエア・プラザ

6-4

アクティブデザインガイドライン

健康を増進する都市デザイン

医学界最大の課題を克服するデザイン

ニューヨークでは、2010年時点で死因の75%を生活習慣病が占めている。この課題に対処するために、ブルームバーグ市政では生理学のアプローチと環境デザインのアプローチの双方から二つの施策を推し進めた。前者は、同市長就任直後の2002年に、レストラン・酒場・オフィス・ショッピングモールの屋内および公園等の公共施設・空間における完全禁煙化が打ち出された。当政策により、2002年に22%だった市の喫煙率は、2010年時点で14%にまで減少した。

対して、後者の環境デザインからのアプローチ、つまり物的環境の改良から健康問題に切り込んだ政策が「アクティブデザイン」である。このアクティブデザインとは、日常の徒歩や階段の昇り降り、自転車や公共交通の利用、レクリエーション活動などを通して、健康を増進する環境デザインの総称である。その背景には、今日の建築および都市デザインが屋内で座り続けることを基本とする不健康な空間を志向する傾向にあり、生活習慣病の原因となっている点がある。そうした建

目的	ニューヨーク市の住環境を向上するために、市民の日常生活に健康な身体活動を促す環境を創出すること
想定する利用者	プランナー、都市デザイナー、建築家、ランドスケープアーキテクト、エンジニアなどのプロのデザイナー 政府機関、建物所有者、民間開発者などの事業発注者 建物管理者、自転車利用者、都市居住者、建物占有者など
章構成	1章　環境デザインと公衆衛生の歴史と現状 2章　都市デザイン戦略 土地の複合利用／公共交通と駐車場／公園、空地、遊戯施設／児童が選べる区域／公共広場／食料品店と生鮮食品へのアクセス／街路の接続性／交通の静穏化／歩行者通路のデザイン／街路景観のプログラミング／自転車道路網と接続性／自転車道／自転車インフラ 3章　建物デザイン戦略 普段の日常利用の促進／階段の位置と視覚要素／階段の寸法／魅力的な階段環境／階段利用の誘導／エレベーターとエスカレーター／建物のプログラミング／魅力的な歩行通路／身体活動を支援する建物／建物外観と容積 4章　アクティブデザインとサステナブルデザインの相乗効果

表2｜アクティブデザインガイドラインの構成

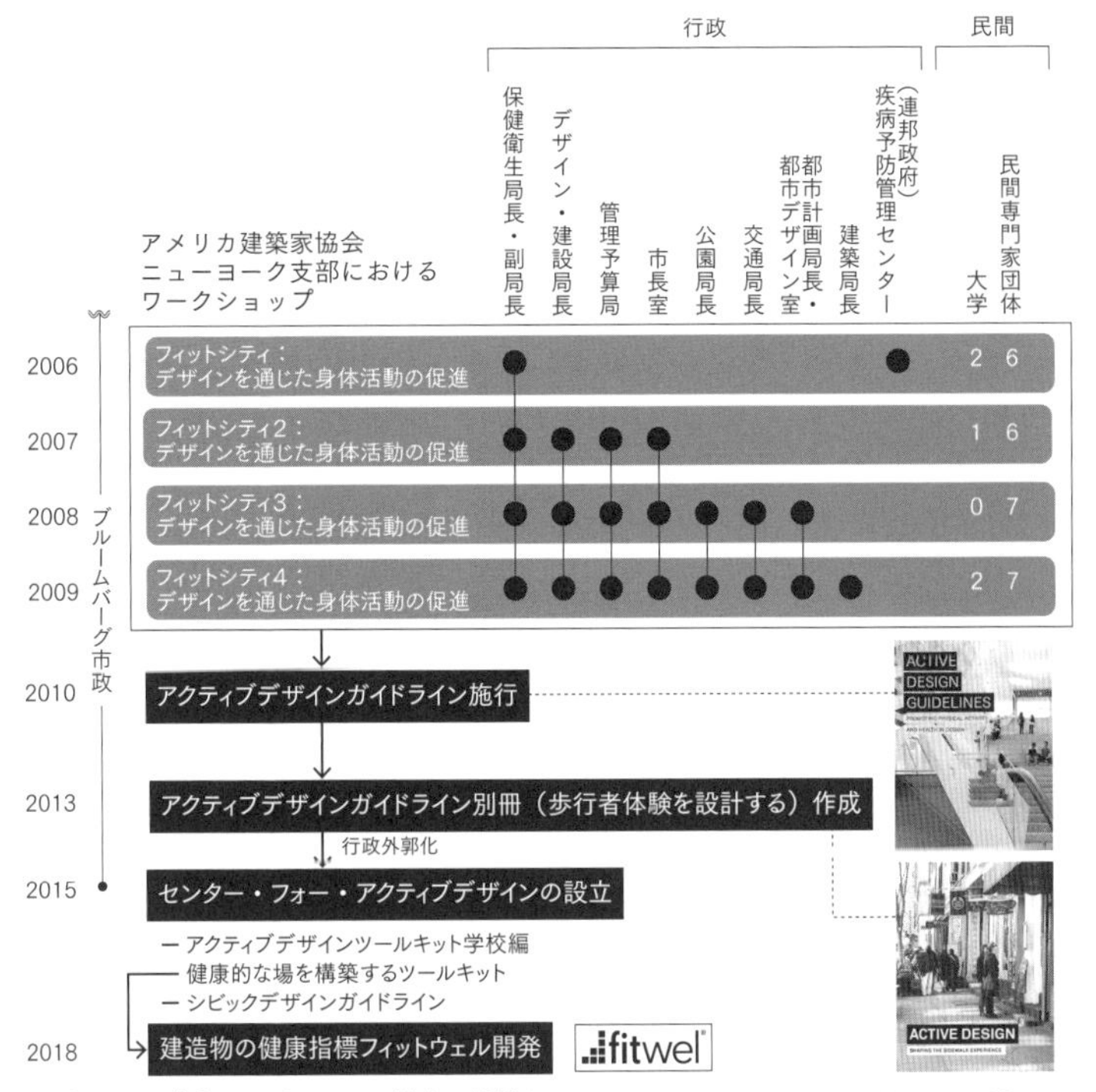

図6｜アクティブデザインガイドライン策定の経緯（出典：New York City Department of Design and Construction, Active Design Guidelines: Promoting Physical Activity and Health in Design, 2010より筆者編集）

築・都市デザインに警鐘を鳴らし、健康を増進する建物・街路・都市空間を整備していく「アクティブデザインガイドライン」について見ていきたい。

身体活動を高めるガイドライン策定の経緯

2010年1月にデザイン・建設局が策定した「アクティブデザインガイドライン」には、最新の学術研究と費用対効果のある実例が示されている[表2]。その策定に至っては、2006年から2009年にかけて、市の四つの部局(デザイン・建設局、保健衛生局、交通局、都市計画局)が、アメリカ建築家協会ニューヨーク支部、大学と協働して開催した会議「フィットシティ」を通じて各局長と専門家との間でアクティブデザインへの理解を深め、制度化している[図6]。ガイドラインの策定後は、市内のすべての公共施設・空間が当ガイドラインに従い、整備されている。

ガイドラインの2章「都市デザイン戦略」では、都市デザインと移動パターンの関係は、Dを頭文字とする五つの要素、①密度(Density)、②多様性(Diversity)、③デザイン(Design)、④目的地(Destination)への到達しやすさ、⑤公共交通との距離(Distance)によって説明され、公共空間を改善するには「デザイン」を改良する余地が大きいと指摘された。

さらに、歩きやすい都市をデザインするのに不可欠な要素として、①独特で認知しやすく、記憶に残り、視覚的に想像しやすい場であるか、②街路や公共空間が、建物や壁、樹木等によって、視覚的にどの程度囲われているか、③規模、感触、形状の身の丈に合っているか、歩行速度に適応しているか、④人の行動を視覚的に把握でき、街路や公共空間の外の敷地から知覚できるか、⑤建物の数と種類、装飾性、街路什器、人間の活動を含む物的環境の多様性によって場の豊かさが生み出されているか、の5点が示されている。

センター・フォー・アクティブデザインの設立

その後、学校やアフォーダブル住宅、歩道など、特定の対象に関するガイドラインも作成されている。たとえば、歩道に関するガイドライン「歩行者体験を形成する」では、歩道を天蓋・壁面・車道面・地面の四つの面からなる部屋に見立て、各面に適した歩行者体験要素が整理されている。

ブルームバーグ市政期にアクティブデザインを担当したジョアン・フランクらが2013年に設立したNPO「センター・フォー・アクティブデザイン」が中心となり、アクティブデザインの普及を進めている。同団体では、連邦政府等の支援を受けながら、各種イベントの開催、アクティブデザイン賞などの奨励活動の実施、シビックデザインガイドラインの作成のほか、LEED（環境配慮型建物に関するアメリカ発の国際指標）と類似する建物の健康指標とも言える「フィットウェル」も開発している。現在では、連邦政府の公認指標としてアメリカ国内の公共施設を評価する基準として普及しているのみならず、欧州やシンガポールなど国外でも活用されている。

（関谷進吾）

6-5

カルチュラルディストリクト

文化施設の主導で公共空間を豊かにする

ブルックリン・カルチュラルディストリクト

ニューヨーク市では、エド・コッチ市政の1982年以降の公共施設整備については、建設費の1%（最大40万ドル）を公設アートに予算配分することがパーセント・フォー・アート法によって定められている。本節では、ブルームバーグ市政期に注目された、文化施設が集積する二つの「カルチュラルディストリクト（文化的地区）」において公共空間での文化活動を推奨する取り組みに着目したい。アメリカンズ・フォー・ザ・アーツによると、文化的地区とは「魅力的な文化施設およびプログラムが集積する認知度の高い混合用途地区」を指し、1998年時には全米で90以上の自治体が実践、あるいは計画が存在したという。

まず一つ目に取り上げるのは、1861年に設立されたアメリカ最古のパフォーミングアーツ施設であるブルックリン音楽アカデミー（Brooklyn Academy of Music：BAM）［図7］を擁するブルックリン・カルチュラルディストリクトある。BAMの代表を務めたハーヴィー・リヒテンシュタイン

図7｜ブルックリン音楽アカデミー

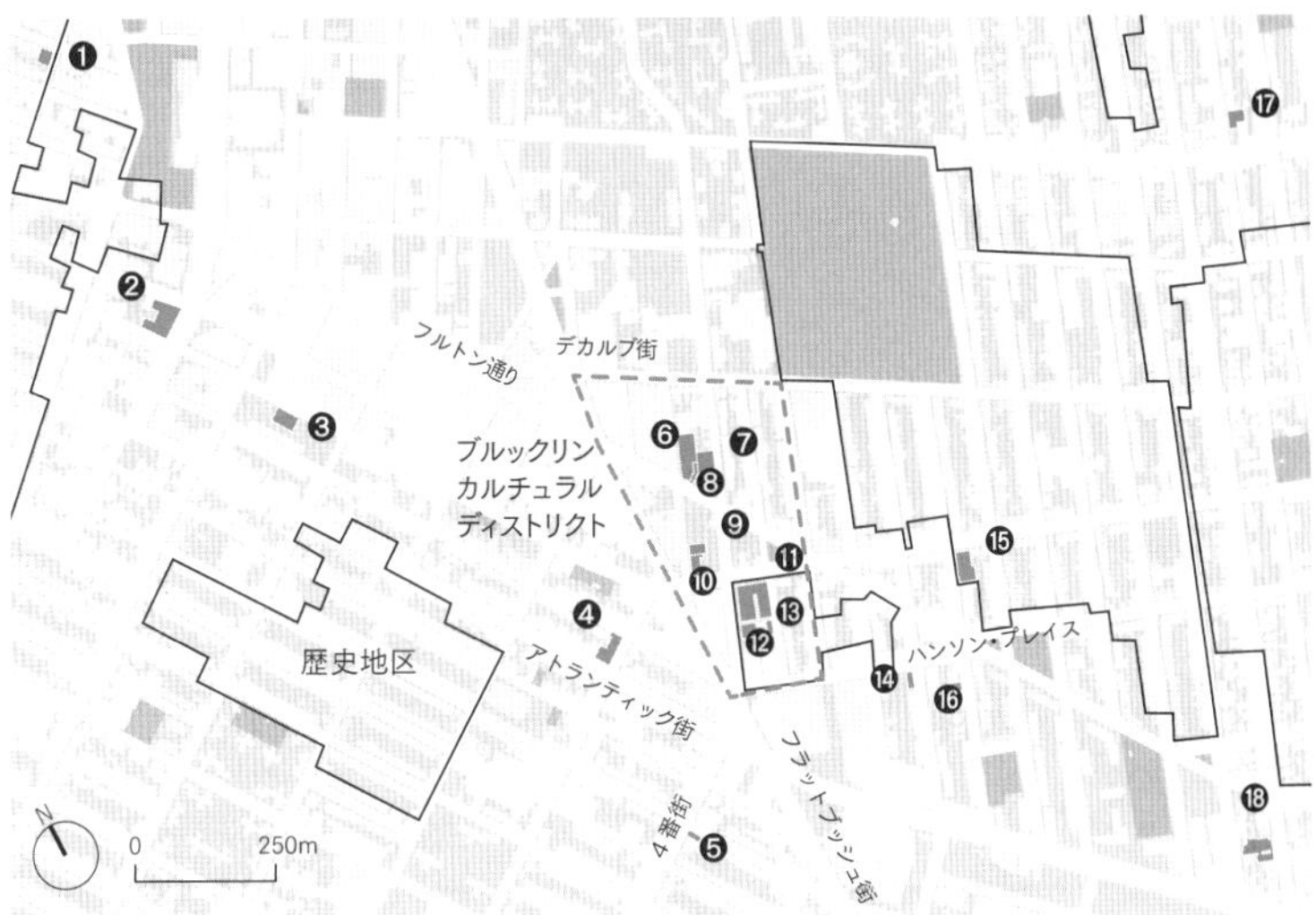

❶ ブルックリン歴史協会
❷ ISSUEプロジェクトルーム
　ニューヨーク交通博物館
❸ ブルックリン・バレエ
❹ ルーレット
❺ ダンスウェーブ
　アーバンガラス
❻ BRICアーツ
　メディアハウス
❼ BAMハーヴィ劇場
❽ 651アーツ
❾ ニューオーディエンス劇場
❿ マークモリス・ダンス・グループ
⓫ BAMピーター・ジェイ・シャープ
⓬ BAMフィッシャー
⓭ ブルックリン音楽アカデミー
⓮ BOMB誌
　アフリカディアスポラ芸術現代美術館
　ニューヨーク作家連合
⓯ アイロンデール・アンサンブル・プロジェクト
⓰ アメリカン・オペラ・プロジェクト
　エンコンパス・ニューオペラ劇場
　モダンデイ・グリオット劇場
　NIAプロダクション
　Page 73 プロダクション
　ターゲット・マージン劇場
　アーバン・ブッシュ・ウーマン
　ホワイト・バード・プロダクションズ
⓱ トリロックフュージョン・センター・フォー・アーツ
⓲ ガリム・ダンス

図8｜ブルックリン・カルチュラルディストリクト位置図
（出典：New York City Department of City Planning, MapPLUTO™, 2022より筆者編集）

図9｜ブルックリン・ブックフェスティバル

は、代表を退任後、BAM地域開発公社の理事長に就任し、空き地の再生事業をはじめとして地区内で16の街区の空間整備に取り組んだ［図8］。その後2004年頃からは、地区の持続的な発展を担保していくために、市の経済開発公社、文化局、住宅保全・開発局、都市計画局、さらにBID組織であるダウンタウンブルックリン・パートナーシップ（Downtown Brooklyn Partnership：DBP）と協働し、100万ドル（約1億円）の事業費をもとに公共空間およびアフォーダブル住宅の整備を推進している。また2006年からは、区長らからの提言を受け、区役所前のコロンバス公園を会場として300にのぼる出版社や著者が集うイベント「ブルックリン・ブックフェスティバル」を継続的に実施している［図9］。DBPと連携し、劇場で不足しているリハーサル用の部屋として地区内の空室を活用する、あるいは地区内の劇場と本屋がタイアップして互いに販促活動を支援するなど、地区単位で組織を横断しながら文化的取り組みを支援・推奨している点が特徴的である。

2015年には、DBPは1年を費やし、ダウンタウンブ

図10｜300アッシュランドプラザにおけるBAM主催の映画上映会

ルックリン芸術連盟と協働で、地区内の百以上の文化関連組織・住民・就労者・政治家・事業者らと協議し、文化総合計画「カルチャーフォワード」を取りまとめた。計画で挙げられた13の取り組みのうち「公共空間の活性化」では、パブリックアートの促進、公共空間での実演機会の定期的な提供［図10］、祝祭的活動の創出を通じてコミュニティの関係づくりを効果的に構築していくことが掲げられている。

2021年には、ニューヨーク州の中心市街地活性化イニシアチブによる60万ドル（約6600万円）の補助金を原資として、ダンボBIDとの協働のもと「ダウンタウンブルックリン・ダンボ・アートファンド事業」を展開している。長期にわたり十分に活用されていない、あるいは地区を分断する要素となっている公共空間を主な対象とする事業で、パブリックアートおよび実演機会の提供に37.5万ドル（約4千万円）、公共空間を活性化する文化施設の改修に対して15万ドル（約1600万円）の事業費が配分されており、5万ドル（約500万円）を個別の上限額として多彩な取り組みの支援に活用されている。DBPのウェブサイト上で確認される12の取り組みには、スケートボードパークを介したアラブ民族文化との交流、まちなか絵画、まちなか俳句、仮設屋外彫刻、無償のバレエ披露、社会派の屋外展示が見られる。

クイーンズ美術館による公共空間のプログラミング

二つ目の事例として、クイーンズ区北部のフラッシングメドウズコロナパーク内にあるクイーンズ美術館を核とした取り組みを紹介したい。当美術館は、1964年の万国博覧会の際、ニューヨーク市全域のパノラマ模型を公開したことで知られ、日本にも影響を与えたとされる。デブラシオ市政で文化局長を担当したトム・フィンケルパールが2002年から12年間にわたり館長を務めていた当美術館の活動範囲は、館内にとどまらず、2005年以降、交通局のプラザプログラム［4章4節］により創出されたコロナプラザでも活動を展開している［図11］。さらに時を遡ると、プラザが恒久整備化される以前から、1〜2名のコミュニティオーザナイザーを正規雇用し、地元の文化を醸成する取り組みの一環としてアート活動やイベントを支援していた来歴もある。その後2017年には、文化局が、文化総合計画「クリエイトNYC」を策定し、街路・公園・プラザ・交通インフラ・住宅においてコミュニティの特性を醸成する文化活動を促すことを掲げた。

さらに、同公園内のニューヨーク・ホール・オブ・サイエンスの駐車場の隣接区画では、

図11｜クイーンズ美術館が運営に関与しているコロナプラザ

2015年より「クイーンズ・ナイトマーケット」が4〜10月の毎週土曜日に開催されている。元弁護士のジョン・ワング氏が出身地である台北の夜市に触発されて始めたイベントで、近隣の市内最大の中華街フラッシング地区のアジア系移民を含む100軒にのぼる露店が建ち並ぶ。5ドル以下で本場の味を楽しめることから、集客力が高く、就業機会の提供とコミュニティ形成の観点からも地区に貢献している。なお、ナイトマーケットは、2019年以降、ミッドタウンのロックフェラーセンターへと事業エリアを拡大している。

コロナ禍のデブラシオ市政では、疲弊する文化団体を支援する施策の一つとして、道路占用料を無償化し、登録費として20ドル（約2200円）を支払うだけで路上で有料の文化活動を実施することができる「オープンカルチャー」（2021年3〜10月）が展開され、まちなかで文化的活動に遭遇する機会は増えている。

（関谷進吾）

参考文献

6-1

- New York City, New York City Charter, Chapter 69: Community Districts and Coterminality of Services, Section 2701. Community districts

6-2

- New York City Department of Transportation, DOT announces release of first-ever Street Design Manual for New York City, 2009
  https://www1.nyc.gov/html/dot/html/pr2009/pr09_024.shtml
- New York City Department of Transportation, Street Design Manual, 2020
- Ryan Walsh, Local Policies and Practices That Support Safe Pedestrian Environments A Synthesis of Highway Practice, NCHRP Synthesis of Highway Practice, 436, Transportation Research Board, 2012
- Michael Flynn, A tool for long-term change: The NYC Street Design Manual, TRB 89th Annual Meeting Session: Designing Streets for Cities, 2010
- 三浦詩乃・出口敦「ニューヨーク市プラザプログラムによる街路利活用とマネジメント」『土木学会論文集』72巻2号、2016年

6-3

- Michael Bloomberg, David J. Burney, We Build the City: New York City's Design + Construction Excellence Program. New York, 2014
- Design + Construction Excellence, How New York City is Improving its Capital Program, The City of New York Department of Design and Construction, 2008
- American Institute of Architects New York and the NYC Department of Health and Mental Hygiene, FitCity, 2009-2016

6-4

- New York City Department of Design and Construction, Active Design Guidelines: Promoting Physical Activity and Health in Design, 2010
- Reid Ewing et al., Identifying and Measuring Urban Design Qualities Related to Walkability, Active Living Research Program, Robert Wood Johnson Foundation, 2005
- Reid Ewing, Susa Handy, Measuring the Unmeasurable: Urban Design Qualities Related to Walkability, Journal of Urban Design, 14, no.1, 2009
- Karen K. Lee, Developing and Implementing the Active Design Guidelines in New York City, Health & Place, Active Living Research, 18, no.1, 2012

6-5

- New York City Department of Culture Affairs, CreateNYC: A Cultural Plan for All New Yorkers, 2017
- WXY architecture + urban design, Brooklyn Strand Urban Design Action Plan, 2016
- Hilary Anne Frost-Kumpf, Cultural Districts: The Arts as a Strategy for Revitalizing Our Cities, Americans for the Arts, 1998

7章

ムーブメントを支える人材と組織

官か民か、という対概念で捉えてはならない。公共セクターが、どのようにして、多数の主体と関係を築き、養うことができるか、それを導き出すことである。

ティム・トンプキンス「都市を共有する」2017

共有される経験、共有される空間が、良質なコミュニティを形成するということが明らかになりつつある。

アンドレア・ウッドナー「都市を共有する」2017

7-1 専門家を育て活かす中間組織

人々の関係性を構築するしくみ

昨今、公共空間の民営化が加速している。ニューヨークでは、モータリゼーションによるホワイトフライト（白人の郊外移住）により都心部の空洞化が顕在化し、治安悪化に悩まされた1970～80年代の財政破綻を機に、BID制度が取り入れられた。一方、日本では、少子高齢化、人口減少の進行により、現状の枠組みでは老朽化する都市インフラを支えきれないといった構造的課題から、PPP（Public Private Partnership：公民連携）やPark－PFI（Park-Private Finance Initiative：公募設置管理制度）といった制度が導入されてきた。いずれも、即時的・長期的課題という側面では異なるものの、危機的状況を背景に組み込まれたしくみとして共通する。

いずれの場合も、デジタル技術の浸透により自然発生的な人々のコミュニケーションの機会が失われつつある現在、公平性の原理という画一的な垣根を超えて、社会的交歓を促し、人本位の空間と場所を再生していくことが求められている。公共空間は、民地と民地に挟まれ、囲われた官と民の緊張関係によって成り立っている。そのため、画一的な「管理」ではなく、近隣の特性を引き出す多様なステークホルダー間の「マネジメント」には、街と場に携わる人々の関係性を構築する力がある。

分野・立場を超えた人材交流を育む中間組織

市人口の約4割が国外で出生し（2018年）、世帯の約5割（2012年）が外国語で生活しているニューヨークでは、国内外の多角的な観点に基づくコンセプトや取り組みを活かす専門家を登用し、分野を超えた人材交流が盛んである。本章では、こうしたニューヨークで公共空間に主体的に携わるBID組織や非営利の専門家組織、人材を養成するプログラムなどを提供する中間組織に着目する。さまざまな専門家や市民が街に参画するために、どのようなリソースやしくみが活用され、関係性を構築しているのかを見ていきたい。まず2節では、BID組織がどのようにして公共空間の整備・運営を通してエリアを活気づけているのかを紹介する。続く3節では公共空間に特化した専門家組織の取り組みを、4節では北米初のプレイスメイキング専門養成プログラムを取り上げる。さらに5節では、啓発団体が運営するデータポータルについて述べる。

（関谷進吾）

7-2 BID

公共空間の質を向上して街の価値を高める

ブルームバーグ元市長によるBIDの促進

ニューヨークでは、公共空間の質の向上を担う主体として、BID（Business Improvement District）が大きく寄与していることはよく知られている。BIDとは、公共空間を主対象として、地権者から徴収する賦課金を主要な原資に都市環境の質を向上させる各種サービスが提供される区域を指す。ニューヨークには、アメリカで最も多い76のBIDが存在する（2020年）。その規模は、年間予算が20億円（2019年）を超すダウンタウン・アライアンスから800万円（2019年）程度の180丁目BIDまでさまざまである。常勤従業員数は平均6名で、1名のみの組織が全体の15%を占める。総額で180億円（2019年度）が地域に投資されており、その過程で多様なコンサルタントや専門業者に事業機会を与えている。

ブルームバーグ元市長は、こうしたBIDが市中にもたらす経済効果を高く評価し、活動を促進する五つの政策を打ち立てた。①BIDの新設および拡張過程を簡素化するため、わかりやすいガイドラインを作成する、②市のBID関連予算を拡大し、BID区域の拡張を促進する、③評価指標と普及過程の合理化を図る、④マンハッタン区外のBIDの新設を推奨する助成制度を導入する、⑤BIDによる長期債券の発行を許容する、の5点である。結果、ブルームバーグ市政期において、26のBIDが新設されている。

市初のBID、ユニオンスクエア・パートナーシップの設立経緯

ニューヨーク市にBIDが導入される契機となったのは、1970年代の市の財政破綻である。当時、モータリゼーションに伴うホワイトフライトにより、市内人口が1割減少したことで税収が激減し、それにより商業地区の維持管理費が大幅に削減されたため、都心部が衰退していた。BIDは、ニューヨークの財政危機がピークを迎えた1976年に、ブルックリンのフルトンモールが導入した特別徴税地区がその原型である。その後1981年から翌82年にかけて州・市によりBID法が公布され、1984年にBID組織として初めて設置されたのが「14丁目BID」（現：ユニオンスクエア・パートナーシップ）である。当時のユニオンスクエア地区も行政による公共サービスが不十分で、衛生面のみならず、麻薬取引や売春・強盗等により犯罪の巣窟と化していた。同地区は三つのコミュニティボードに分割され、警察の管轄も三分割されていたため、たとえば公園施設が破損した際などには責任の所在が不明確になることもあった。

当地区でＢＩＤが設立される引き金となったのが、ユニオンスクエアの南西部に立地する百貨店エスクラインの閉店である。それを受け、１９７５年、隣接する街区に立地し、当時６千名の職員を抱えていた電気・ガス供給会社コン・エジソン社の理事長チャールズ・ルース（後のＢＩＤ共同創設者）らが、地区内の公共資産の管理状況を改善するよう働きかけ、その担い手として「Sweet 14」を設立した。後の地域開発公社（14th Street Union Square Area Project. Inc.）の前身組織ともなったSweet 14は、翌76年に14丁目を最も賑わいのある街路とすることを掲げ、３カ年事業として「14丁目・ユニオンスクエア地区事業」を公表した。当計画では、80〜１５０万ドル（約2.4〜4.5億円）の資金が募られ、地下鉄駅の改修、13〜15丁目・2〜7番街内の公園と街路の美化を実施し、事業者・住民・来街者にとって魅力ある地区を創出することが謳われていた。資金のうち、コン・エジソン社が毎年5万ドル（約１５００万円）を拠出している。この取り組みには、清掃や植栽のほか、ランチタイムにおける市民の公園利用の促進を意図して隔週で実施された「スウィート・サウンズ・イン・ユニオンスクエアパーク」と銘打たれた音楽イベントも含まれる。

一方で、同年、市の都市計画局が「ユニオンスクエア街路活性化計画」を公表するも、資金不足により断念を余儀なくされた。しかし、地区再生のための取り組みとして、59丁目で実験的に行われていたファーマーズマーケットをユニオンスクエアに誘致し、治安回復のみならず、当地区に新たな訪問客、さらには住居開発を誘発するきっかけをつくった［2章4節］。

ＢＩＤ制度導入後の１９８４年に、地区内の地権者が結集し、市内初の事例である「14丁目

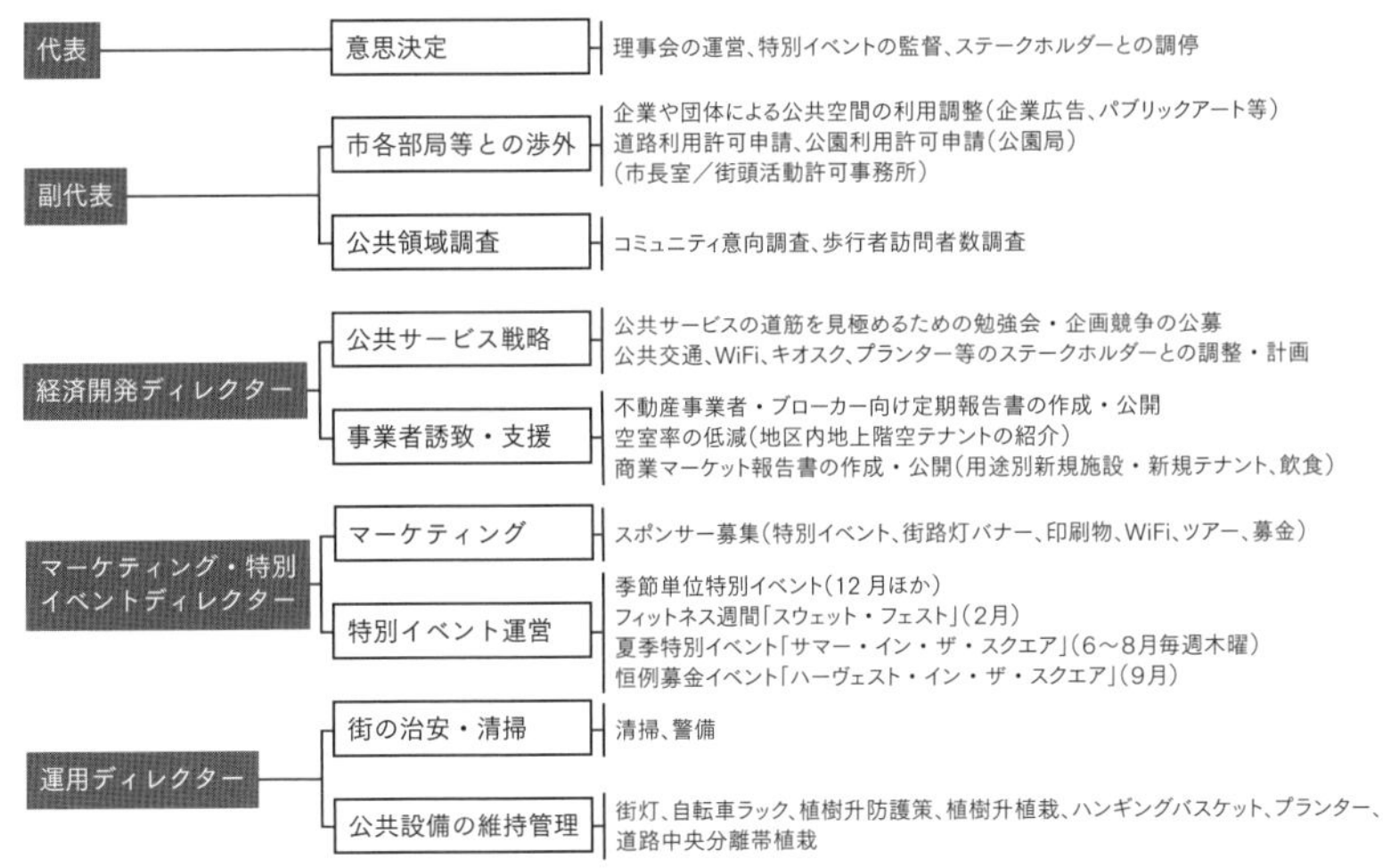

図1｜ユニオンスクエア・パートナーシップの担当構成と業務内容

ＢＩＤ」が設立された。90年代以降は、こうした前向きとなった公園局では、公園敷地内での売店活動費を値上げし、広告権を売り、イベントへの貸出も積極的に行うようになった。こうしてＢＩＤはより高度な公共空間の活用法を育む役割を担うようになり［図1］、２００３年に14丁目ＢＩＤは「ユニオンスクエア・パートナーシップ（Union Square Partnership：ＵＳＰ）」に改称された。以下、ＵＳＰの業務を三つに大別して紹介する。

1―公共空間の維持管理と整備

柱となる一つ目の大きな活動が、生活環境を向上する維持管理である。ＵＳＰでは、リタイアしたベテランの警察官を雇用するなどして、警察局と連携した危機管理を行うなど、公共空間に関わるさまざまな主体や事業者と幅広く日常的にコミュニケーションをとっている。いわば地域の窓口として、住民・来街者・地権者・テナントとの接点を構築し、地域の課題を把握する。

また、USPでは、建物に設置されたカメラあるいは目視による歩行者通行量調査や毎年実施する住民の意向調査等を通じて、公共空間の利用状況を把握している。さらに、専門家・コミュニティボードの代表・エンジニアらを招集した勉強会［図2］で明らかになった課題を解決するアイデアをコンサルタント等から公募し、最終的には理事会での意思決定を踏まえて再整備する対象を決定し、実施から管理までの一連の業務をさまざまな主体間で調整し推進している。

図2｜駅改修に関わる勉強会。住民代表のコミュニティボード委員、地元専門家を交えて議論を行う

2—固有性のある社会的交歓の促進

二つ目が、地域の固有性を活かした社会的交歓を促すイベントの企画である。各地区の特性はBIDによって異なるが、ユニオンスクエアではBID設立時よりファーマーズマーケットを運営しており、ここで販売されている食材を活用する飲食店が集積している。こうした地域文化を活かしながら、活動資金を集めようと、1995年より毎年、地区内の50を超えるレストランのシェフを公園に集め、一口サイズの料理を無制限で楽しめるイベントを実施している。また、公共空間の閑散期である冬季の11～12月には、南側のプラザを活用して、100を超える雑貨店や料理店が扇状に建ち並ぶホリデーマー

ケットも開催している。当マーケットでは、運営会社の利益の半分が市に還元される契約が結ばれている。このほか、スポーツジムやスポーツ関連企業と提携したフィットネスイベント、芸術家アンディ・ウォーホルが近くにスタジオを持っていたことにちなんだ仮設のパブリックアートの展示に加えて、交通局のDOTアートや公園局のアート・インザ・パークス等と提携した期間限定の屋外展示も展開している。

なお、公共空間でイベントを実施する際には、道路の利用については市の街頭活動許可事務所に、公園については公園局の許可を得る必要がある。一般的に、民間事業者がイベントで公共空間を用いる場合、道路より公園の敷地の方が使用料が高い。USPではこうした行政との調整業務も多く、メンバーの登用にあたっては行政出身者も散見される。

3｜街のアイデンティティのマネジメント

地域内の不動産のテナントの入居状況を把握し、新しいテナントが入居する際には歓迎し、大学の入学シーズンには新入学生を歓迎して、地域の接点や一体感を演出する。地域内のテナントが主催するイベント等は、BIDのカレンダーやメーリングリストなどを活用した周知を行う。取り組み全般のデザインコンセプトを統一することによって、地域アイデンティティを発信するブランディングをマネジメントし、地元経済の担い手や来街者、居住者の誘致につなげる。さらに、マーケティングを通じてスポンサーを募り、刺激的なプログラムを展開し、地域内のステークホルダーと議論しながら、地域の価値向上に資する循環を構築する。

（関谷進吾）

7-3 専門家組織

公共空間のマネジメント指針を提示する

プロジェクト・フォー・パブリックスペース

本節では、ブルームバーグ市政期において非営利の立場から公共空間のマネジメント手法を見出した二つの代表的な組織を紹介したい。一つ目の専門家組織は「プロジェクト・フォー・パブリックスペース（Project for Public Spaces：PPS）」である。PPSは、公共空間における人間の動態分析をもとにその活用方針を導き出す組織である。その原点は、1970年代にウィリアム・H・ホワイトを中心に実施されたミッドタウンの公開空地を対象とする「ストリートライフ・プロジェクト」と称した調査である。ニューヨークの都心部では、1961年の容積率のボーナス制度により、60～70年代に公開空地が急増した。ホワイトは、この公開空地における人々の振る舞いを綿密に観察し、混雑時における人々の動線を時間差で撮影することによってその特性を解析してみせた。その結果は市の都市計画局に報告され、公開空地の改変を可能とする1975年のゾーニング法改正につながった。また同年には、市内の公開空地と路上空間をより親密な空間へと改善するために、3年間限定の活動として、調査に同伴していたフレッド・ケントならびにキャッシー・マデンによってPPSが設立された。その後、活動の重要性が認識され、1978年にステファン・デイビスも加わり、PPSが継続されることとなった。

初期の代表的な活動は、ロックフェラーセンターから5番街に抜ける広場「アトラスコート」の改善事業である。1975年に、ロックフェラーセンターマネジメントおよびエクソン社（現：エクソン・モービル社）から受託し、ベンチとプランターを適切に設置して人々が座れる場を確保し、商業施設利用者を増やすことで、地区全体のイメージが変えられることを実証した。現に、航空会社などオフィスに独占されていたテナントはメディア企業や小売店などに変わり、人々で賑わう場へと生まれ変わった。同時期に、ロックフェラーセンターの一室にPPSの最初の事務所が設置されている。続く1976年には、国立公園局と協働でジェイコブリースパークおよび国立ゲートウェイレクリエーション地区の利用実態調査と計画提案を実施している。以下、PPSの活動を三つに大別して、説明していきたい。

1 ― プレイスメイキングの理論と手法の開発

PPSでは、ホワイトの実践的理論を引き継ぎ、公共空間の再編モデルを開発している。会合などによって合意形成を図るのではなく、コミュニティ意識を高めるプロセスを重視するプレイスメイキングをツールとして提唱している。プレイスメイキングの理論と手法のモデルは、J・M・カプラン財団による支援のもと、1999年にパートナーシップ・ウィズ・パークスと協働で実施し

図3｜公設マーケットでの訓練プログラムの様子

たモーニングサイドパークの組織の立ち上げと施設計画が契機となっている。そこでは、街路・広場・市場・公園・水辺・公共施設・文化施設・キャンパスなどの異なる公共空間を類型ごとに計画する手法を試みた。

2｜公共空間の運営を支援する活動

PPSでは、そうした独自の理論やツールを、ウェブサイト、出版、講演やワークショップ、会議、展示、助成制度、教育訓練プログラム等を通じて公開し、その普及に取り組んでいる。たとえば、1987年には、シアトルのパイクプレイスマーケットで会議を主催し、全米から公設マーケットに関わる人々を招き、成功する運営手法について議論し情報を共有する場を設け、以降隔年の頻度で開催している。それと並行して、公共空間をテーマに担当者を訓練するプログラムも定期的に運営しており、最新の事例や手法を伝授している［図3］。

3｜公共空間に関する提言と人材の輩出

PPSは、設立当初より、公共空間に関してさまざまな提言を行ってきた［表1］。たとえば、1978年には歩行者優先化を推奨するため、車道を規制して「1マイル美術館祭」の開催を支援

年	施設	内容
1978	5番街	道路空間を歩行者優先空間に転用する市の初の事業として「1マイル美術館祭」を開催支援
1979	東46丁目	市で初となる交差点での歩道の拡張を提案・実施し、後に「レストランロウ」と呼ばれる飲食街のブランドを形成
1985	タイムズスクエア	エンターテインメント地区としての改善案をダースト・オーガニゼーションとともに作成、ディズニーの案に対抗
1986	市全域	新たな街路に関する指針を策定するため、会議「あらゆる利用者のための街路づくり」を主催
1989	バスターミナル	ミッドタウンのバスターミナル内の露天商店を対象とする公共空間のマネジメント方法を提案
1990	地下鉄	グランドセントラル、タイムズスクエア、ブロンクスおよびクイーンズの複数の地下鉄の歩行空間の計画分析と指針の発表
1994	マーリースクエア	歩道の拡幅、横断歩道の形状変更、植樹・植栽の追加を提案。短期的に歩行者の溜まり場を縞模様で塗装し、仮設の車止め・プランターを配備し、信号の切り替え時間を変える運用方法を提示
2005	ミートパッキング	構想「居場所としての街路」を発表。後にブルックリン・ダンボ地区の広場に示唆を与える
	ブロードウェイ	ニューヨーク自治体芸術協会との協働のもと、街路ルネサンス運動を実施

表1｜プロジェクト・フォー・パブリックスペースによる公共空間に関する提言

したり、ワシントンスクエアパークを調査して、その活気の要因を分析して現状維持を提唱することもあった。さらに、こうした調査・提言を行うなかでさまざまな人材も輩出しており、アマンダ・バーデン元都市計画局長や交通局のプラザプログラムを担うアンディ・ウィリー＝シュワルツ［8章2節］など、行政内外で活躍する公共空間の専門家を世に送り出している。

デザイントラスト・フォー・パブリックスペース

もう一つの専門家組織は、「デザイントラスト・フォー・パブリックスペース（Design Trust for Public Space：DTPS）」である。DTPSは、中長期的な視点に立ったデザイン行為を通じて、多様なステークホルダー間の専門性の隔たりを埋め、新たな関係性を導き出す組織である。市内のNPOヴァン・アレン・インスティテュートの代表を務めていたアンドレア・ウッドナーが、建築家兼都市デザイナーのクレア・ワイズ［8章1節］とともにランドールズ島の再編計画「スポーツと都市」に携わったことに加え、ウッドナーは、ワシントンDCに所有する不動産における実体験を通じて、公共空間の重要性を深く認識したことを契機に、1995年に設立された。

その活動の特徴としては、①公共空間に関するテーマを隔年で設定し、公共空間の取り組みに関する提案を外部より公募すること（RFP：Request for Proposal／企画競争告示）、②民間から事業単位のフェローを登用すること、の2点が挙げられる。こうした企画テーマおよびフェローはDTPSの審査委員によって選出され、事業の要件としては行政と民間事業者・建築家・技術士・デザイナーによって構成される多数の実務者の参画が求められる。「デザインワークショップ」と呼ばれるプロセスによって、選出されたフェローが数週間から1年の期間を費やして、中長期的視点に立ち、デザインシャレットや模型の作成、デザインガイドラインの策定、調査報告の出版等を行い、公共空間に対する意識形成から公共空間の可能性の拡張までを幅広く展開させる。これにより、フェローを介して、多様なステークホルダー間の専門性の隔たりを埋め、柔軟に連携させる橋渡しの役目を果たす。ウッドナーによると、こうした取り組みは、①公共空間の計画・運営に関わる主体同士の接点をつくり、②公共空間の資金を集める機会を設け、③フェロー制度によって若手デザイナーの育成に寄与する。以下では、デザインワークショップを通じて、公共空間の新たな関係性が導き出された三つの事業とともにDTPSの活動を見ていきたい。

1 ハイラインの転用を支援

ハイライン［2章3節］の公園化を主導した専門家組織フレンズ・オブ・ハイライン（FHL）には、まちづくりの専門家がいなかったため、デザイナーと行政とコミュニティ間の橋渡し役を期待して、2000年末にDTPSに支援を持ちかけた。当初、FHLでは設計競技の実施が検討されていたが、DTPSは、撤去が予定されたハイラインに対する設計競技を行うことは効果的でないと判断し、実現可能性調査（フィジビリティスタディ）を提案し、担当フェローを2名選出した。

1人目のフェロー、キャシー・ジョーンズは、8カ月の期間で、特色のある地区を貫く鉄製の高架帯であるハイラインの可能性を引き出すための基礎調査を行った。その調査に基づき、DTPSが2001年にパブリックスペースメイカーズフォーラムを開催し、議論の末、ハイラインを保全・活用していく方針が示された。

もう1人のフェロー、ケラー・イースタリングは、インターネットを活用したプランニングを行った［図4］。直後にブルームバーグ市政が成立し、保全を支

図4｜ハイラインの公共空間化を提案した断面図

（出典：Joshua David, Reclaiming the High Line: A Project of the Design Trust for Public Space, with Friends of the High Line, Ivy Hill Corporation, 2002）

名称	部局	特徴	表紙
ブルックリン公共図書館デザインガイドライン（1995年）	デザイン・建設局／ブルックリン公共図書館	設計者と図書館管理者による3回のワークショップをもとに作成された設計・運営指針	
治安向上デザインガイドライン（1997年）	芸術委員会（現：公共デザイン委員会）	パブリックアートとデザイン操作による治安への影響に関する調査	
高性能建物ガイドライン（1998年）	建築局	市内の環境配慮型建物を分析し、公共施設が果たすべき環境水準を提示	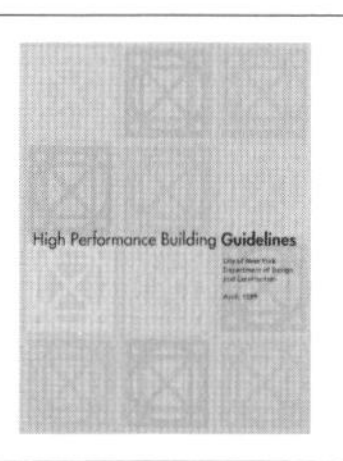
高性能インフラガイドライン（2003年）	デザイン・建設局	持続可能な街路・歩道・施設、ランドスケープの先進事例を集めた手引き	
高性能ランドスケープガイドライン（2010年）	公園局	3万エーカーの公園を対象とする持続可能な公園の計画・設計指針	

表2｜デザイントラスト・フォー・パブリックスペースと市が協働で作成した公共空間に関するガイドライン

援したアマンダ・バーデン都市計画局長（当時）が当計画を強く支持したことや、FHLの開いたハイラインの写真展示により市民の関心を高めたことが功を奏し、ハイラインの保全・活用を実現に導いた。

2｜タイムズスクエアの広場化への道筋をつける

タイムズスクエア［4章3節］では、2003年にBID組織タイムズスクエア・アライアンスとDTPSが協働でワークショップを実施し、交通エンジニアのマイケル・フィッシュマンをフェローに選出して、タイムズスクエアの歩行環境の課題と可能性に関する報告書を作成している。その中で、DTPSはタイムズスクエアの広場化を提案し、タイムズスクエア・アライアンス、ニューヨーク市、その他の各主体の連携や2006年までの事業計画をまとめている。その後、概ね計画通りに事業は進み、2008年の道路封鎖の社会実験へとバトンをつないだ。

3｜デザインガイドラインの作成

DTPSは市の各部局と連携し、治安向上デザインガイドライン（1997年）や高性能インフラガイドライン（2003年）といった各種のデザインガイドラインを作成している［表2］。いずれも市内の最新の事業をもとに整理されており、事業の手引き書として活用されている。また一連の活動は、交通局が2009年に発行した「ストリートデザインマニュアル」［6章2節］をはじめとして、後のガイドラインにも影響を与えている。

（関谷進吾）

7-4

プレイスメイキング専門家養成プログラム

公共空間のプログラミング、マネジメントを学ぶ大学院

プレイスメイキングを担う人材に求められるもの

2015年の秋、プレイスメイキングに特化したアメリカ初の専門職大学院プログラム「アーバンプレイスメイキング・マネジメント修士課程（Urban Placemaking and Management：UPM）」が開設された。今世紀に入って、都市計画・都市デザイン分野における主対象は、「建物」から、建物と建物の間の「公共空間」へと転換した。建物を計画した後に公共空間について検討するのではなく、都市の文脈の中で公共空間から先行して組み立てるスキームである。

地理学者イーフー・トゥアンによると、「場」とは、人間が体感する時間軸の中で「社会的な需要に答える空間的階層」のことを指す。UPMでは、そうした人々が「生きる場」を「組み立てる」行為を「プレイスメイキング」と称している。標榜するのは、あらゆる人々に開かれている場であり、それらはしばしば予測不可能な混沌を生みだしたり、「場」の生成プロセスそのものに公民の多様な主体が関わる。多様な主体にとって有益な「場」を運営するプレイスメイキングを行う

には、「コミュニティディベロップメント」「経済」「持続可能性」「マネジメント」「都市デザイン」「ランドスケープデザイン」など幅広い専門知識と技術を必要とする。そのため、プレイスメイキングを担う「プレイスメイカー」には、こうした分野の役割と、どのような政治的経済的力学によって「場」が成立するかについて理解を深めることが求められる。

プラット・インスティテュートの大学院プログラム

ブルックリンにメインキャンパスを構えるプラット・インスティテュートは、1887年に創設され、建築スクール傘下の大学院計画・環境センター（GCPE）に1959年に都市・地域計画学科が設置された。当学科は、アメリカ初のコミュニティ開発公社であるベッドフォード＝スタイベセント再生公社を1967年に創設し、衰退した地区のコミュニティの再生を持続的に支援する非営利組織を設立したことでも知られ、コミュニティベースの計画学を構築してきた。「プレイスメイキング」に関しては長らく選択科目であったが、半世紀前のウィリアム・H・ホワイトによる先駆的な取り組み、同氏が設立に関わったプロジェクト・フォー・パブリックスペース（PPS）による実践を土台として、2015年の秋学期にUPMのプログラムを立ち上げた［図5］。人間を中心とする都市計画と「場」のプログラミングおよびマネジメント手法を修学する専門職大学院プログラムで、すべての授業は17時以降に開講され、1コマは3時間制である。GCPEは10名程度の少人数で徹底的に議論を繰り広げる方式で知られるが、学生は市交通局やBID組織、非営利の専門家組織、建築設計・都市計画事務所などに常勤やインターンとして勤務している者が多い。2年間で40単位（必修科目：30単位、選択科目：10単位）を履修すると、学位が授与される。修了後は、自治体

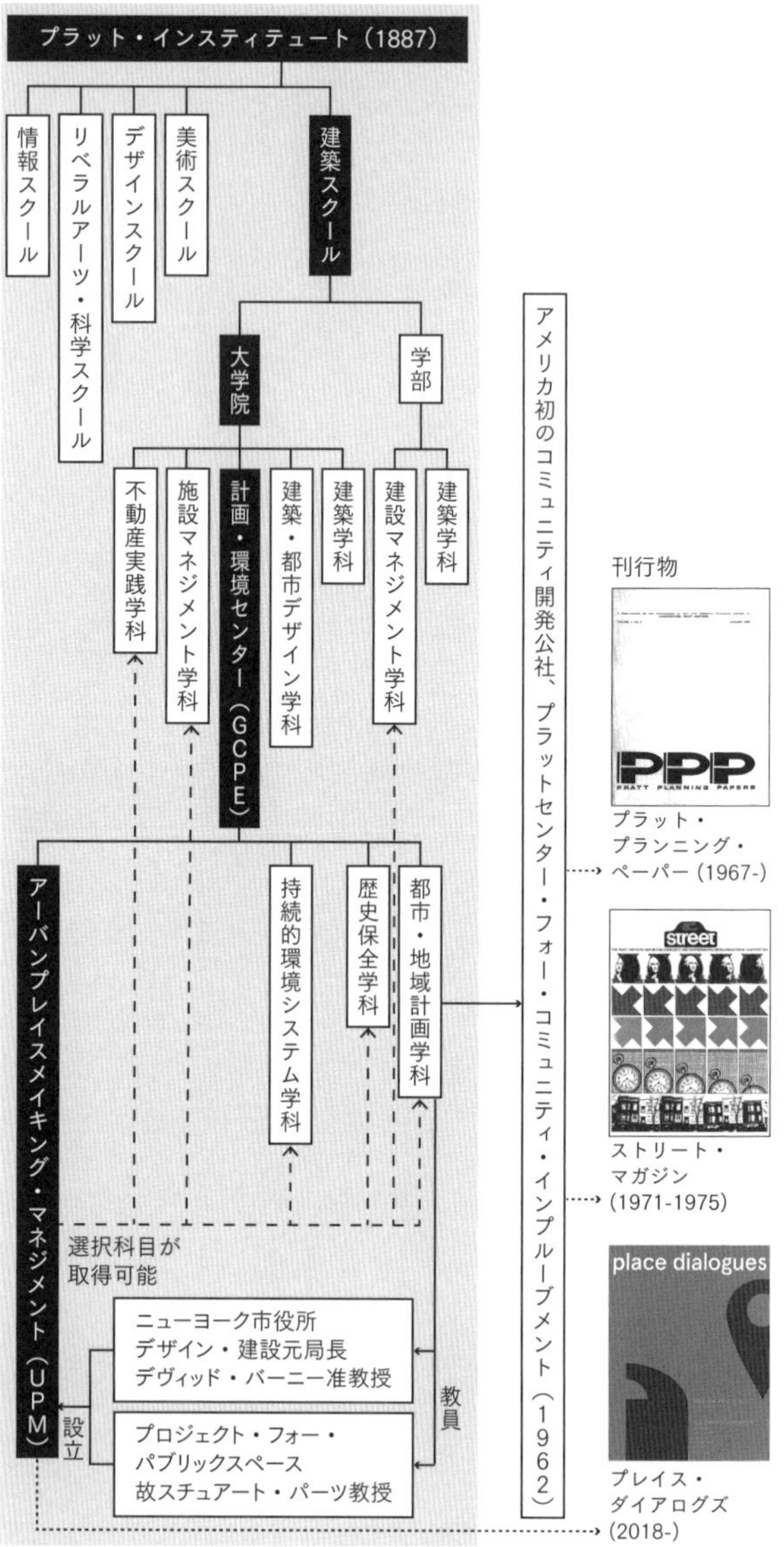

プラット・インスティテュート（1887）
建築スクール
美術スクール
デザインスクール
リベラルアーツ・科学スクール
情報スクール
学部
大学院
建築学科
建設マネジメント学科
建築学科
建築・都市デザイン学科
計画・環境センター（GCPE）
施設マネジメント学科
不動産実践学科
都市・地域計画学科
歴史保全学科
持続的環境システム学科
アーバンプレイスメイキング・マネジメント（UPM）
選択科目が
取得可能
ニューヨーク市役所
デザイン・建設元局長
デヴィッド・バーニー准教授
プロジェクト・フォー・
パブリックスペース
故スチュアート・パーツ教授
教員
設立
アメリカ初のコミュニティ開発公社、プラットセンター・フォー・コミュニティ・インプルーブメント（1962）
刊行物
PPP
PRATT PLANNING PAPERS
プラット・
プランニング・
ペーパー（1967-）
street
ストリート・
マガジン
(1971-1975)
place dialogues
プレイス・
ダイアログズ
(2018-)

図5｜プラット・インスティテュートにおけるアーバンプレイスメイキング・マネジメント修士課程の位置づけ

やＢＩＤ組織、まちづくり関連組織、その他民間企業などで働く者が多い。

多岐にわたる学問分野を習得するカリキュラム

当プログラムの立ち上げにあたっては、市内の全プラザの建設に携わったマスターアーキテクトである市の元デザイン・建設局長のデヴィッド・バーニー准教授［6章3節］と、ＰＰＳのスチュアート・パーツ教授の2人が、中心的な役割を果たした。カリキュラムを検討するなかで明らかになったのは、「場」に関わる文献が建築や都市計画の分野には見当たらなかった一方、地理学と人類学の分野で豊富に取り上げられていたことであった。プレイスメイキングの基礎となる学問は、都市計画学、ランドスケープデザイン学、建築学のみならず、地理学、人類学、社会学、心理学、法学といった多岐にわたる分野にまたがっている。そこで、カリキュラムは「デザイン・インフラストラクチャー」「場の経済学」「都市計画と政策」「マネジメント」の四つを柱にしている。必修科目には、「公共空間の歴史と理論」「スタジオ演習：公共空間の分析研究」「都市・地域文脈デザイン」「公開空地と公園」「場の経済学」「場の政治学」「民主主義・公正性・公共空間」「シビック・エンゲージメント」「修士研究プロジェクト」が含まれる。この中で大きな比重を占めるのが「スタジオ演習」で、プラザや公園などの特定の公共空間を対象として、公共空間を管轄する公園局や交通局、ＢＩＤ組織などの実在するクライアントに対し、1学期を費やして共同で調査・提案を行う。

（関谷進吾）

7-5 オープンデータポータル

公共空間の利用と改善を促進するウェブサイト

ポータルサイトによるまちづくり支援

本来、公共空間は、物理的な制約の中で生まれる社会的距離（コミュニケーション）によって構成されるため、インターネットは相反する存在である。しかし言うまでもなく、インターネット上の情報共有が、現実に存在する都市空間に及ぼす影響は大きい。2000年代以降、ニューヨークでは、公共空間の所有者と利用者、さらには情報発信者間の情報共有をインターネットを介して加速させることで公共空間の質を確保する動きが活発である。その先駆的な取り組みの一つに、NPOニューヨーク自治体芸術協会（The Municipal Art Society of New York：MAS）内のプランニングセンターが2003年（まだ市にデータ請求してもスプレッドシート形式で提供されていた時期）に開設したポータルサイト「コミュニティ情報技術イニシアチブ」（現在閉鎖）が挙げられる。当時、1989年の市憲章の改定に基づき、市では近隣単位を主体とするまちづくりを推奨していたものの、主にボランティアによって支えられていたコミュニティボード等では情報処理力や専門性に乏しかったことから、プランニングセンターにおいて、各地域の活動団体に向けて、地図や各種データ、情報技術を提供するポータルサイトを運営し、各地域のまちづくりを支援している。

街路を市民の手に取り戻していくための情報共有

近年進むニューヨークの街路変革において節目となった活動が、2005年にオープンプランズ、トランスポテーション・オルタナティブズとプロジェクト・フォー・パブリックスペースの3NPOが中心となり展開したキャンペーン「街路ルネサンス運動」である。そこでは、街路の利用を車から人中心に転換し、街路に活気を取り戻す取り組みが実施された。また翌年には、車中心の街路をいかに再編すべきかを国内外の事例とともに展示する「生き生きとした街路」も開催された。これらの活動の中心人物の1人が、交通の静穏化等の交通事業を市民自ら実現していくことを啓発するNPOオープンプランズの設立者である社会起業家のマーク・ゴートンである。同氏は、デジタル技術により交通システムを改善するオープンソースソフトウェア等を開発する一方で、2006年に開設したのが交通とアーバニズムに関する姉妹サイト「ストリートフィルム」[※1]と「ストリーツブログ」[※2]であった。2020年時点で、ニューヨーク、ロサンゼルス、サンフランシスコ、カリフォルニア、シカゴ等のエリア別のブログで、日常的に街路デザインに関する記事を掲載し、交通技術や安全性について500を超える映像を公開している。

※1　サイトは現在閉鎖。https://www.youtube.com/@StreetfilmsCommunity
※2　https://nyc.streetsblog.org/

ニューヨーク市による情報公開ポータル

他方、ニューヨーク市の取り組みはどのようなものだろうか。財務に関する情報帝国を築いたブルームバーグ元市長は、「効果をデータ化していないことは、マネジメントしていないに等しい」という考えの持ち主であった。市長就任直後の2003年には、24時間体制で市民からの非緊急の要望を受け付けるホットライン「NYC311」[※3]を開設し、年間平均160万以上の要望をそのままウェブ上に公開している。その後2011年には情報公開法を制定、情報技術通信局を新設し、2023年時点で約3千件がオープンデータ化されている。

さらには、各部局単位で、独自の地図ポータルサイトも開設している。公園局による街路樹マップ[※4]では市内の全街路樹を、都市計画局によるゾーニング・土地利用マップ[※5]では筆ごとの土地・建物の権利情報について、交通局が作成しているビジョン・ゼロマップ[※6]では、各月の時間帯別の接触事故が公開され、同時に市民の個々の要望も受け付けている。また都市計画局では、建物・土地の利用状況のみならず、公開空地、歩道上のオープンカフェ等の情報をGIS形式で提供しており、データを一括でダウンロードすることも可能になっている。

コロナ禍における「オープンレストラン」「オープンストリート」のオンライン申請

※3 https://portal.311.nyc.gov/
※4 http://tree-map.nycgovparks.org/
※5 http://zola.planning.nyc.gov/
※6 http://www.nycvzv.info/

コロナ禍において重要な役割を果たしたのが、オンラインによる申請である。飲食店の屋内営業が長期的に禁止あるいは一部のみ認められた状況下、交通局は、2020年7月より、道路占用料なしで歩道あるいは車道上で屋外営業を許可する「オープンレストラン」[※7]を展開した。その際、審査後に許認可を出す通常のプロセスを踏まなくても、条件を満たしているかの判断を事業者に託して申請時に占用を認めるスキームで運用し、迅速な対応を実現した。2021年3月時点で、市内の飲食店の4割以上にあたる1・1万店舗が路上で営業をしており、この「オープンレストラン」事業は恒久化されることが決まった。各事業者は、申請済みの全飲食店の立地、占用する道路の種別(歩道・車道)、申請時期の各種データを地図とグラフで把握でき、かつオンラインで申請が完結するしくみが提供されている。

また、飲食店のみならず各種団体も対象に、特定区間の街路に対して仮設的に車両規制を実施可能とする「オープンストリート」[※8]も実施されている。公園に隣接する区間を中心にした総延長160kmを対象に、オンラインで申請でき、この事業も恒久化されている。申請された区間では、通過動線が規制されるが、時速8km以下であれば配達車は通行可能である。

こうしたデータ公開と連動したオンライン申請の確立は、手続きを迅速にするだけでなく、公共空間を市民に開放して、公有地と利用者の新たな関係性を構築する新たな動きとも言えるだろう。

(関谷進吾)

※7 https://www.nyc.gov/html/dot/html/pedestrians/openrestaurants.shtml
※8 https://www.nyc.gov/html/dot/html/pedestrians/openstreets.shtml

参考文献

7-1

- New York City, An Economic Profile of Immigrants in New York City, 2017, 2020
- Language spoken at home by ability to speak English for the population 5 years and over New York City and Boroughs, 2012 American Community Survey 1-year Estimates

7-2

- New York City Department of Small Business Services, Starting a BID: A Step-by-Step Guide, 2002
- New York City Department of Small Business Services, Sample District Plan for the NYC Business Improvement District in the City of New York Borough of Manhattan, Prepared Pursuant to Section 25-405(a) of chapter 4 of Title 25 of the Administrative Code of the City of New York, 2016
- Union Square Partnership
  https://www.unionsquarenyc.org

7-3

- プロジェクト・フォー・パブリックスペース著、加藤源監訳『オープンスペースを魅力的にする：親しまれる公共空間のためのハンドブック』学芸出版社、2005年
- Joshua David, Reclaiming the High Line: A Project of the Design Trust for Public Space, with Friends of the High Line, Ivy Hill Corporation, 2002
- Daniella Eidelberg, Times Square Alliance, Problems & Possibilities: Re-Imagining the Pedestrian Environment in Times Square, Design Trust for Public Space, 2004
- Design Trust for Public Space, High Performance Landscape Guidelines: 21st Century Parks for NYC, 2010
- Louise Harpman, Brooklyn Public Library Design Guidelines, City of New York, Department of Design and Construction, 1996

7-4

- Yi-Fu Tuan, Space and Place: The Perspective of Experience, University of Minnesota Press, 2001
- Tim Cresswell, Place: An Introduction, Wiley-Blackwell, 2014
- Louise Harpman, Brooklyn Public Library Design Guidelines, City of New York, Department of Design and Construction, 1996
- Robin Pogrebin, Pratt Institute to Offer Master's With a Focus on Public Space, The New York Times, 2015
- Pratt Institute, Graduate Center for Planning and the Environment, Place dialogues: Making Sense of Place, 2018

7-5

- ジャネット・サディク＝カーンほか著、中島直人監訳『ストリートファイト：人間の街路を取り戻したニューヨーク市交通局長の闘い』学芸出版社、2020年
- NYC Streets Renaissance, Livable Streets: From an Auto-Centric Policy to a City of Great Streets, 2005

8章

パブリックスペース・ムーブメントの先駆者に聞く

街路を歩行者空間化する取り組みは、歩道を拡張し私有化しているだけではないかという問いに直面する。それを解く鍵は、公共空間としての役割に接続する方法を見つけることである。

クレア・ワイズ、本書収録インタビュー、2021

行政は公共空間を生き生きとさせ、活動を注入することに長けていない。だから、コミュニティが真にそれをやりたいと欲するように変えていくことが重要であり、それが公共空間を成功に導くための秘訣である。

アンディ・ウィリー＝シュワルツ、本書収録インタビュー、2021

8-1

コロナ禍を経て公共空間はどう変わったか

クレア・ワイズ
WXY建築都市デザイン、デザイントラスト・フォー・パブリックスペース創設者

コロナ禍を経て高まった公共空間に対する意識

ニューヨークでは、コロナ禍を契機として、公衆衛生が公共空間の運営指針として用いられるようになりました。振り返ってみると、1920年代の都市美運動も、アパートの窓面の増加、強制的に窓を開ける設計、貯水池のブライアントパークへの転用、道から近隣を隔離したパークウェイシステムの導入など、1918年のスペイン風邪の大流行を背景として起こった動きだったと言えます。そうした事実を人々は忘れていましたが、2020年、新型コロナウイルスの流行によって、百年前のパンデミックの際に公共空間で展開された取り組みが現代に回帰したのです。私たちは、コロナ禍における唯一安全な場所が、他者との間に6mの距離を確保できる屋外であることを即座に認識しました。市民は2020年5月頃からマスクを着用するようになり、マスク着用時に必要な対人距離は2mとなりましたが、それでも確保するには現在の歩道では狭すぎました。

この間に市民の公共空間に対する意識は高まっていきました。２０２０年５月、ミネアポリスで起きたアフリカ系アメリカ人のジョージ・フロイドの死を機に、構造的な人種差別に対して、人々はマスクを着用すれば安全に屋外で抗議できることに気づきました。ただし当初は、マスク着用を拒否するコミュニティも多く、感染者は急増し、医療機関のキャパシティは限界に達していました。そんななか、会議場は病院に転用され、屋外病院も設置されました。公共空間の柔軟性が危機的な状況を救ったのです。

またニューヨーク市は２０２０年５月に、感染症対策の観点から安全な歩行者空間を生み出す制度として、街路の一定区間で自動車を通行止めにし、歩道を確保する「オープンストリート」を開始しました。市は、飲食店に限定して営業規制を課しましたが、同時に歩行経路を確保しながら、店舗間口の前面や車道の駐車帯を店舗が自由に利用できるようにしました。店舗前の歩道を客席化する「オープンストアフロント」、店舗前道路の車道脇を客席化する「オープンレストラン」［図1］の取り組みです。これらの取り組みに呼応して、遊び場を運営するＮＰＯ代表のデイヴィッド・ロックウェルは、飲食店が屋外に設置する飲食スペースのための資金やデザイン

図1｜市内1万カ所以上で展開されている「オープンレストラン」
（出典：ニューヨーク市オープンレストランのウェブサイト）

キットを提供する「ダインアウト・ニューヨーク」を開始し、魅力ある空間づくりを実践しました。また、私自身も参加した「ネイバーフッズ・ナウ」では、さまざまな専門家や企業が支援して各地域で生み出したツール・リソース・戦略を紹介する試みも見られました。

コロナ禍で人々に開かれた街路

私が主宰するWXYが手がけた取り組みを紹介します。ロウアーマンハッタンのセンター通りでの「ブラック・ライブズ・マター」の路面アートは、区長と相談してアーティスト3名を選定し、作品制作を企画したものです［図2］。アーティストへの報酬は公益財団の寄付によって賄われました。除幕式でのスピーチでは、人種差別の歴史的観点から、若いアフリカ系アメリカ人のデザイナーとプランナーが都市デザインや都市計画について語るという場が実現しました。マンハッタン区や市交通局の職員、アーティストを含む多くの人が、マジョリティである白人とは異なる観点から都市デザインについてスピーチするのを見て、とても感動しました。センター通りに隣接してアフリカ系アメリカ人の墓地があります。公共空間が実際にアーバニズムを語るために活用されたことに心を動かされたのです。

この区長との取り組みはやがて、車両規制により街路に生み出された広場において適切に対人距離が確保されているかのモニタリングを、警察ではなく行政が担い、飲食店の屋外営業を認める「オープンダイニング」というパートナーシップへと発展しました。これが成功したのは、飲食店が

図2｜センター通りに描かれた「ブラック・ライブズ・マター」の路面アート（提供：Justin Gorrett More）

多く集積していることに加え、地元ボランティアが近所の人たちに声をかけて啓発することができたからです。人々は自分の地域に慣れ親しみ、より気にかけるようになりました。みな小さなアパートに住んでいて、行くところがなく、街路を必要としていました。屋外営業の多くは、レストランオーナーのビジネスの必要性からではなく、アパートに閉じ込められた市民の必要性から生まれたものです。

また、ウーバーイーツとの協働で「キーピング・ザ・テーブル・ターニング」（「形勢の逆転」の意味）というハンドブックを作成しました［図3］。ニューヨークに限定せず、都市デザインや公共空間に関する事項について、飲食店の観点から理解を促す内容になっています。ハーレムではNPOハーレム・パーク・トゥ・パークと協働して、「キーピング・ザ・テーブル・ターニング」のパイロット版も制作しました。ストライバーズ・ロウにて、ハーレムを拠点とする3人の建築家をアフリカ系アメリカ人が所有する3店舗と引き合わせ、それぞれに異なるパビリオンをデザイ

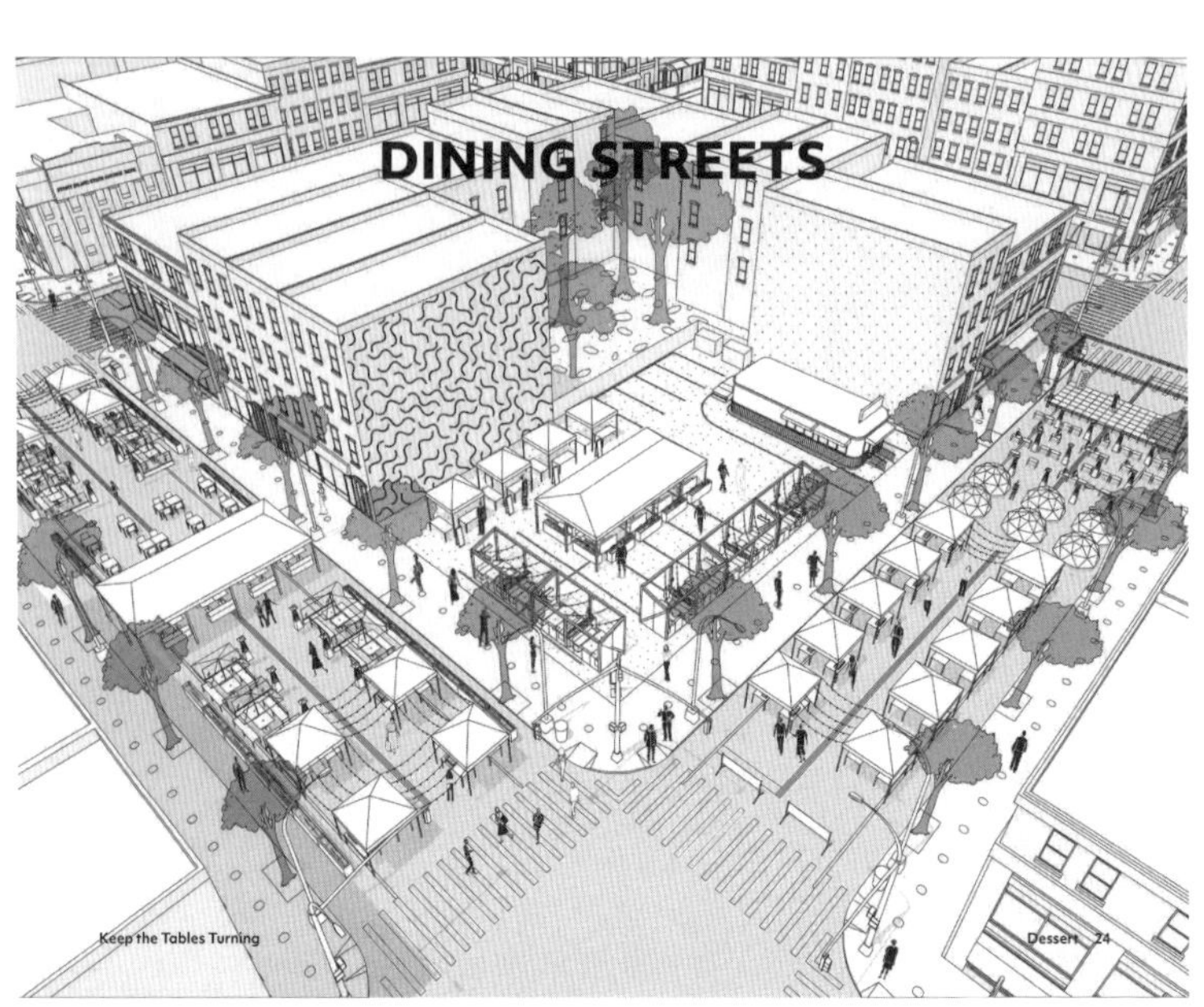

図3｜「キーピング・ザ・テーブル・ターニング」の展開イメージ（出典：WXY, Uber Eats, Keeping the Tables Turning: Strategies for Repurposing Outdoor Space for Restaurants in COVID-19, 2010）

ンしてもらいました。これらのパビリオンは公共空間のギャラリーであり、飲食店が公共空間を私的に利用しているものではありません。通常の飲食店だけでなく、バーやベーカリーもありました。また、単に食事を提供するだけでなく、アーティストが作品を展示したり、シェフが料理教室を開いたりするなど、他のことにも利用できる公共空間の可能性を近隣の人たちに認識してもらう機会にもなりました。さらには、「アーバン・アンブレラ」というビル工事の際に組み立てる足場を使ったデザインを実装してみたりもしました。

公共空間の活用は私有化か？

しかし一方で、こうした取り組みは、単

に歩道を拡張し、私有化しているだけではないかという問いに直面しています。ストリートマーケットであっても、一つ一つの屋台ではなく、全体の感覚をつくりだす必要があります。ですから、単に同じ形の売店を設置するということではなく、プログラミングや通りに関わる人々のことを理解して、飲食店巡りを公共空間としての役割に接続する方法を見つけなければならないのです。これが現在、ニューヨークが直面しているジレンマです。[※1]

私たちも動画作成で協力した、NPOトランスポーテーション・オルタナティブズによる「25×25運動」が始まっています。2025年までに車が占用している空間の25%を人のための用途に転用する計画です。具体的には、センター通りの「ブラック・ライブズ・マター」の路面アート、デイヴィッド・ロックウェルが進めているブロードウェイを救う取り組み「オープンカルチャー」、パンデミック下でのタイムズスクエアの変革などが含まれています。

ニューヨークには、強力な市長がいて、強力な部局があり、人材も集まっているにもかかわらず、パンデミックに対して十分な取り組みができていないと批判されることもありましたが、実際は効果的な政策を打ち立ててきたと思います。現時点では、大多数の人がワクチンを接種し、ビジネスも回復しつつあります。多くの人が市から退去しましたが、それによってアフォーダブルな空間が増えました。これを機に、良い市長、良い部局が、パブリックスペース・ムーブメントをより一層支援することになるだろうと、私は楽観的に見ています。

（オンラインインタビュー、2021年4月2日）

※1　インタビュー後の2022年11月、デザイントラスト・フォー・パブリックスペースは他の2団体とともに屋外飲食空間のデザインガイドラインと政策提言をまとめたレポート「The Future of Outdoor Dining in New York City」を発表している。

8-2

世界で加速するパブリックスペース・ムーブメント

アンディ・ウィリー＝シュワルツ
ブルームバーグ・アソシエイツ、元ニューヨーク市交通局局長補佐（公共空間担当）

コミュニティが事業の担い手となるプラザプログラムの創設

公共空間に携わる私の経歴は、NPOプロジェクト・フォー・パブリックスペース（PPS）に所属していた1990年代に遡ります。PPSでの仕事を通じて、自治体から十分な財源や注目を得られていない市内の公園の再生・マネジメントを手がけるコンサーバンシー等の組織の役割、運営への理解を深めました。2007年、ブルームバーグ市長は、私がPPSの立場から啓発していた道路を公共空間に転用するアイデアを市域全体に組み込んだ長期計画「PlaNYC」を公表しました。そして、ジャネット・サディク＝カーンが交通局長に登用され、知人の紹介で彼女から新設の公共空間を担当する局長補佐を務めないかとのオファーをもらい、引き受けたのです。

私の役目は、公共空間のプログラムをどのように組み立てていくか、その問いに答えることでした。そこで、PlaNYCによって定められた目標の一つである、全ニューヨーク市民の徒歩10分圏内に公共空間あるいは空地を整備することに専念しました。

そのために取り組んだのが、「NYCプラザプログラム」［4章4節］でした。プラザプログラムは、この街をより住みやすく、より環境に優しい街にしていくPlaNYCの中核となる取り組みです。私が交通局に入局した際、局員はすでに市の地図を眺め、道路交差部の中から車道をプラザに転用できる箇所を選定していましたが、私はこの地図を取り下げるよう指示しました。なぜならば、こうした公共空間は近隣との提携関係がなければ成り立たないからです。行政は、こうした空間を生きとさせ、活動を注入することに長けていません。ですから、コミュニティ自らがそれを成し遂げる必要があります。そこで、コミュニティ側から、事業を実施したいとパートナーを求め、申請するしくみを設けたのです。実際、行政と近隣の関係はとても不均衡です。たとえば、あなたの近隣地区で行政から事業を実施したいと話を持ちかけられても、人々は近隣主体の事業とは認識せず、行政の事業と捉えます。その認識を、コミュニティ側が真に事業を欲し、維持管理を担いたいとなるように変えていくことが重要であり、こうした空間を成功に導くための秘訣であることを私は知っていました。そのため、この申請方式を導入することによって、交通局の方が自分たちを提携先として求めているパートナーのところに向かうしくみを構築したのです。

難しかったのは、行政側が担う役割とコミュニティ側が担う役割とのバランスをどのように設定するかでした。当初、私は双方の役割を均等に設定しました。しかし、しばらくして、コミュニティ側が担えることは非常に限られており、行政側がより多くを担う必要があることに気づきました。この点は解決が難しい課題でした。現在、私は世界各地の都市での取り組みを支援していますが、行政側とコミュニティ側の役割において適したバランスを見極めることに注力しています。いずれにせよ、プラザプログラムで生み出された広場は、どれもわが子のよう存在です。

ニューヨークの経験を世界に広げるブルームバーグ・アソシエイツ

私たちは交通局時代に多くのことを他都市から学び、ニューヨークに取り入れてきました。私自身は、交通局を退職後、ブルームバーグ・アソシエイツに所属し、そうしたアイデアを世界の各都市に適応させていくことを試みています。ブルームバーグ・アソシエイツは、ブルームバーグ元市長が自身の市長時代の主要スタッフとともに立ち上げた、世界各地の市長に働きかけを行うコンサルティング組織です。私は交通部門に属していますが、ほかに持続可能な解決、都市計画、ホームレスや就労機会創出などの社会サービス、経済開発、都市のマーケティング促進といった部門があります。クライアントとなる自治体はコンサルティング料を支払う必要はなく、ブルームバーグ元市長が私たちの事業費を賄っています。このしくみにより、私たちは「これは良いアイデアです」「これは良くないアイデアです」と、クライアントに対して自由かつ率直に発言できます。またクライアント側は、私たちに実践してほしいアイデアを持ち寄る必要はなく、互いに働きかけあうことで最適な判断を下し、実施すべき価値ある取り組みを把握することができます。そして、事業は共同で

図4｜ブルームバーグ・アソシエイツによるミラノでの実証実験（出典：ミラノ市）

実施します。その際、各都市の行政は私たちを信頼してくれています。なぜなら、私たちが、クライアントを満足させて給料を得ることではなく、協働を通じて正しいと考える事業を推進することに関心を持っているからです。これは特異とも言える状況ですが、とても有意義な取り組みです。ブルームバーグ・フィランソロピーズが拠出している年間数百億円にのぼる補助金に比べれば、ブルームバーグ・アソシエイツの運営費は少額です。ブルームバーグ元市長が助成する意思を継続し、フィランソロピーズに資金がある限り、取り組みは継続できるでしょう。

プラザプログラムにおける行政側とコミュニティ側の役割のバランスに関して言えば、アメリカ以外の多くの都市で行政側がすべてを担うことに慣れてしまっている実態があり、行政外部に責務の一部を任せることは困難な状況があります。そこで、繰り返しになりますが、単に近隣に公共空間が存在するだけでなく、コミュニティ側がこうした空間に対して自らが担い手であるという認識を持つことが重要です。たとえば、イタリアのミラノでは、コミュニティ側に寄り添うことを推奨し、いくつかの公的な過程を経た上で、空間に対して人々が何を求め、何を望んでいないのかを投票で把握し、人々を集めて道路の塗装を行う実証実験を実施しました［図4］。実証実験は素晴らしい取り組みで、現地に足を運び、路面を塗装し、いくつかの植栽鉢を配置するだけで、空間を変えられ、そこで何がなしうるのかという可能性を人々に可視化できる機会になります。それは、ブルドーザーで地中に埋まった街路樹の根、表面の舗装などあらゆるものを掘り返し、縁石を整備するような大掛かりな事業を実施する前に、手始めにコミュニティの価値を空間に注入することができるのです。仮設的な場づくりは、それがどのように機能しうるのかを把握でき、行政とコミュニティが協働する上で鍵となります。

パンデミックで加速した公共空間の活用

パンデミックという緊急事態時にニューヨークで最も成功した取り組みが、駐車帯での飲食店の屋外営業です。ニューヨークほど大規模にこうした取り組みを実施した都市はそれほどありません。なぜ、「オープンストリート」「オープンレストラン」の事業がここまでうまく機能したのでしょうか。その理由の一つには、公共空間に特化した部門を交通局が有していたことが挙げられます。さらには、事業者とコミュニティとの関係性に対する理解力に長けていたことも挙げられるでしょう。現時点で当部門が成しえたことは素晴らしいと思います。ブルームバーグ元市長ならびにサディク＝カーン元交通局長の施策は、今回のパンデミックを機に大きく展開し、申請時に飲食店自らが自己承認できるしくみが導入されました。求められる要件をウェブ上で記入し、すべての要件が満たされているかどうかを自ら確認し、問題がなければ申請の直後に路上で営業ができるしくみです。後に検査官が要件を満たしているかどうかを現地でチェックします。その際、必要な条件が満たされていない場合には、検査官が改善点を示しますが、罰金を課すことはありません。交通局では非常に寛容な態度を示しましたが、それは事業者・飲食店の救援がまずは大事だと認識していたためです。控えめな取り組みであってはいけませんし、同時に誇張した取り組みであってもいけません。私たちがつくりあげた交通局内の公共空間部門は、こうした計画の実装に携わった主体として、緊急事態下の市民生活に対して大きな貢献を果たしました。

私たちは、交通局で公共空間を利用する文化の底上げと理解の深化をなし遂げました。そして、新たな地平に到達できました。広場や自転車レーン、屋外での飲食を実現できましたし、それらがなかった以前の状況に戻ることもないと思います。問われているのは、今後さらにどれほど先に進むことができるかです。こうした事業を支える市長は、さまざまな異議申し立てに対峙しなければなりません。これまでの公共空間に関する取り組みでも、近隣や車の利用者らから大きな反動がありました。しかし、私自身は、市長が強い姿勢を保ち、適材適所に人材を登用すれば、さらに前進しうるだろうと考えています。

（オンラインインタビュー、2021年7月27日）

おわりに

なぜ、ニューヨークは公共空間にここまでの熱量を注ぐのか

本書では、ニューヨークでのパブリックスペース・ムーブメントの全面的な展開を追ってきた。そのムーブメントの対象は、まちなかの公園・広場、ウォーターフロント、市内各所の街路、開発に伴う民有公開空地に及んでいた。また、公共空間そのものだけでなく、ムーブメントを支える制度やしくみ、人材や体制についても整理を行うことで、ムーブメントが都市づくりそのものの改革であったことが確認された。それにしても、ニューヨークはなぜ、公共空間にここまでの熱量を注いでいるのだろう。そもそもニューヨークにおいて、公共空間が都市改革の焦点となっているのはなぜなのだろうか。その取り組みは、都市間競争や都市ブランディングという次元を超えている。

ニューヨークの特性を表現する一語が「多様性」であることは多くの人の同意するところである。本書でも各所で言及してきたが、ニューヨークは特に多様な文化的背景を持った人々がさまざまな密度で混じりあって暮らす。仮に観光客として訪れたとしても、街を歩いていて「よそ者」と感じることは少ないであろう。1人1人は異なっている、その多様性を認めあうことから出発して形成されたこの都市は、包容力を持っている。公共空間がその包容力の象徴であり、具体的な空間的発

現であることは論を待たない。1章で参照した報告書「都市を共有する」では、公共空間が多様な交流のプラットフォームと表現されていた。とりわけ、2001年の同時多発テロの後、ニューヨークは都市の危機を迎えていた。ブルームバーグ市政期において公共空間に焦点が当てられたのは、同時多発テロを多様性や包容力といったこの都市の根幹をなすものへの挑戦と受け止めたからであろう。そして、デブラシオ市政に移行してもなお、公共空間政策が継続していたのは、時に「贅沢」ないし地理的に「偏り」があると批判対象ともなったかつての公共空間が象徴していた社会的分断＝「二つの都市の物語」を修正するのもまた公共空間だ、という認識があったからであろう。

しかし、包容力が公共空間の本質かというと、そういうわけでもない。多様性があるということは、そもそもそれぞれのコミュニティ、そして個々人が社会の中で顕在しているということである。個々が世界に対して主張されている。公共空間は、そのような多様性を形づくる個を意識的に顕在させられる、つまり信仰・言論・表現の自由を担保する場である。その本質は、個の権利を守り、勝ちとっていくための公の場である。賑わいや憩いの背景には、常にその権利への希求がある。

2020年夏、デブラシオ市長は「Black Lives Matter」の巨大なミューラルアートを市内6カ所の街路に描かせた。そして、タイムズスクエアの広場周辺のビルは黒い衣装をまとった。都市は民主主義の教室だという言葉を聞くことがあるが、ニューヨークという教室で展開されているのはアクティブラーニング（能動的に学ぶ）であり、クリエイティブラーニング（つくることで学ぶ）であった。ニューヨークにおいて、多様性という都市のアイデンティティと公共空間は根底でつながっているし、ニューヨークという都市が希求する民主主義や自由を体現する場が公共空間である。だからこそ、パブリックスペース・ムーブメントに、ここまでの熱量が注がれる。これがなければ都市がダメになるというような、都市の哲学を形づくるとても切実な探究なのである。

さて、日本語で本書を執筆し、読んでいる私たちは、ニューヨークのパブリックスペース・ムーブメントからさまざまな刺激を受ける。しかし、ニューヨークの都市のアイデンティティに根差した運動から受け取るべきは、突き詰めれば、やはりなぜ公共空間なのかを問うこと、各都市がそれぞれの根幹に置く自分たちなりの価値、その哲学を見つめなおすことが大事であるというメッセージに尽きるように思われる。私たちの都市はニューヨークとは違う、では何がどう違うのかという認識が出発点である。その点をないがしろにして、公共空間のデザインや運営の手法のみに注目することは、木を見て森を見ず、公共空間を見て都市改革を見ずとなる。とはいえ、本書で解説を試みてきた一つ一つの公共空間の獲得までの経緯やデザインの工夫、マネジメントの体制などの中に、これからの都市空間を考える上でのヒントが多々あったことも事実である。特に本書でも何度か登場した「公共領域（public realm）」という概念に集約される、公共空間の越境性と主体の多元性に関しては、ニューヨークでの実践が私たち自身のムーブメントを大いに後押ししてくれるだろう。

各プロジェクトにおける公共空間の越境性

ニューヨーク市の行政も、もともとは縦割りの強い構造で、各局の局長がリーダーシップを発揮し、所管する政策を推し進めていた。しかし、本書で見てきたように、PlaNYCやデザインガイドラインのような分野を横断する統合的なビジョンを策定することで、縦割りの弊害を取り除こうとする動きが見られた。大事なのは、この横断的視点が個々の空間にどう反映されているかである。公園に関して言えば、ブライアントパークを視線や動線のリデザインによって街に開いた経験から近年の境界なき公園事業での公園と街路の接続まで、「公共空間の越境性」がポイントとなっていた。ハイラインでも、通りとの関係で配置されたスクエアやアクセスポイント、そして隣接する敷地の土地利用転換に加えて、周辺地区の再生に向けた戦略を通じて、その施設空間を超えたインパクトを織り込んでいた。一方、ウォーターフロントの再生で特徴的なのは、ブルックリンブリッジパークでもハドソンリバーパークでも、埠頭ごとに分節されていた空間を、その分節性を多様なアクティビティの場として担保したままそれぞれをつなぐことで一体の空間として現出させたことである。この一体化を志向する越境の思考は、イーストリバーフェリーによるイーストリバー・ウォーターフロント・エスプラナード、ブルックリンブリッジパークとダンボ地区などの連結にまで展開されている。ニューヨーク市は、公共空間の境界を越え、つなげていく数々の手法を持つ。

ニューヨークにおいて、街路の広場化はパブリックスペース・ムーブメントの一つの焦点であった。プラザプログラムの節で指摘したとおり、街路がもともと連続する空間かつ開かれた場であり、周囲の既存施設や界隈を結びつけているという特性を活用する点に政策的な利点があった。広場化された街路はそれ単体で完結するものではなく、越境的に機能する都市空間として存在している。タイムズスクエアではBIDがまとめた「変化を生み出すための20の原則」の筆頭に、ブロードウェイの広場化を指す公共空間の事項が掲げられたことは、そのような街路の特性ゆえなのである。

そして、こうした公園、ウォーターフロント、街路という公共空間の経験則的な価値創造を、都市開発において演繹的に空間化ないし制度化してきたのもまた、ニューヨーク市である。ハドソンヤードやワン・ヴァンダービルトのような大規模開発において、複合的な諸機能、施設、空間を結びつけ、構造づける公共空間の役割に加えて、6・5番街という公共回廊の創出、またウォーターストリート街区での民有公開空地の一体的な再生といった個別の敷地を超えた公共空間の連鎖プロジェクトにも、越境性への強い信念とそれを実現する具体的な方法を見てとることができる。

主体の多元性と公共領域の形成

以上のような公共空間の越境性は、その創出や運営面での多元性と裏腹の関係にある。越境とは、行政内での管轄を超えていく営為でもあるが、むしろ公民の境界を越えていく状況が多くのケースで見られた。コンサーバンシーから始まりBIDの隆盛に至る公共空間への多様な民の主体的な関わり、公民のパートナーシップ、それを支える非営利専門家組織やファンダー（資金提供者）の存在については、ここまでの事例を通じて、その実態を確認できた。加筆するとすれば、パートナーの選出のプロセスであろう。手挙げ方式＝公募制をとるプラザプログラムでは、公共空間を空間からではなく運営から捉えなおす視点が徹底している。空間があって運営者がいるのではなく、運営者がいて初めて空間があるという考え方である。ただし、選定過程において、政策的観点を含んだ現状分析によって優先エリアを設定することで、主体ベースに立ち上がる提案を緩やかに都市構造の再編へと連結している点がポイントであった。一方で、リビルド・バイ・デザインではコンペという形がとられた。公共空間に求められる災害対策という未知の領域に対する新たなアイデアとその実行体制づくりを、広く民間・専門家の知恵と創造力に求めたのである。公民連携とは、単に公の役割を民に開く・任せるのではなく、都市の中から幅広く知恵を集めることである。この文脈の続きで運営プロセスに関して改めて言及しておきたいのは、タイムズスクエアでの自治的運営への持続的な取り組みである。広場化後の広場廃止の危機への対処、さらにはパンデミック下での公共空間ビジョンの検討に、まさにクリエイティブラーニングを見出すことができる。公共空間をつくることで初めて多くの気づきがあり、それによって公共空間の主体が形成されていくのである。

以上、ニューヨークのパブリックスペース・ムーブメントからの学びの一つとして、空間の越境性と主体の多元性を指摘した。個々の公共空間ではなく、越境することで生み出される空間的領域、そしてそこに関わる多元的で創造的な主体の連携が生み出す社会的領域、それらを指す言葉が「公共領域」であった。私たちに今必要なのは、この公共領域を形成するビジョンと実践である。

中島直人

[編著者]

中島直人（なかじま なおと）

東京大学大学院工学系研究科都市工学専攻教授。1976年生まれ。東京大学工学部都市工学科卒業。同大学院工学系研究科都市工学専攻博士課程退学。博士（工学）。イェール大学マクミランセンター客員研究員、慶應義塾大学環境情報学部准教授等を経て、2023年より現職。主な著書に『都市計画の思想と場所』『都市美運動』（以上、単著）、『アーバニスト』（共著）など。

[著者]

関谷進吾（せきや しんご）

三菱地所株式会社協創推進営業部主幹。1983年生まれ。慶應義塾大学環境情報学部卒業。同大学院政策・メディア研究科修了。プラット・インスティテュート大学院計画・環境センターアーバンプレイスメイキング・マネジメント修了。ユニオンスクエア・パートナーシップデザインスペシャリスト、WXY建築都市デザイン事務所プランナー等を経て、2021年より現職。

北崎朋希（きたざき ともき）

三井不動産株式会社開発企画部。1979年生まれ。筑波大学第三学群社会工学類都市計画専攻卒業。同大学院システム情報工学研究科社会システムマネジメント専攻修了。博士（工学）。株式会社野村総合研究所、三井不動産アメリカ株式会社を経て、2018年より現職。著書に『協働型都市開発：国際比較による新たな潮流と展望』（共著）、『東京・都市再生の真実』（単著）など。

三浦詩乃（みうら しの）

一般社団法人ストリートライフ・メイカーズ代表理事、東京大学大学院新領域創成科学研究科客員連携研究員。1987年生まれ。東京大学工学部社会基盤学科卒業。同大学院新領域創成科学研究科社会文化環境学専攻博士課程修了。博士（環境学）。横浜国立大学大学院都市イノベーション研究院助教等を経て、2023年より現職。著書に『ストリートデザイン・マネジメント』（編著）など。

三友奈々（みとも なな）

日本大学理工学部助教。筑波大学大学院芸術研究科デザイン専攻修士課程修了。博士（デザイン学）。経済産業省産業技術環境局、筑波大学大学院人間総合科学研究科芸術専攻助教、神戸芸術工科大学デザイン学部助手等を経て、2014年より現職。著書に『TOKYO 1/4が提案する東京文化資源区の歩き方』（共著）など。

[執筆担当]

中島直人：はじめに、1章、3章－1、2、5節、4章－3、5節、8章、おわりに
関谷進吾：2章－4、5節、3章－3、4、6、7節、6章－1、3、4、5節、7章、8章
北崎朋希：5章
三浦詩乃：4章－1、2、4節、6章－2節
三友奈々：2章－1、2、3節

本書は「一般財団法人住総研」の2023年度出版助成を得て出版されたものである。

ニューヨークの
パブリックスペース・ムーブメント
公共空間からの都市改革

2024年1月1日　初版第1刷発行

編著者　中島直人
著者　関谷進吾・北崎朋希・三浦詩乃・三友奈々

発行所　株式会社 学芸出版社
〒600-8216　京都市下京区木津屋橋通西洞院東入
電話 075-343-0811　info@gakugei-pub.jp
発行者　井口夏実

編集　宮本裕美・森國洋行
装丁　加藤賢策（LABORATORIES）
DTP　梁川智子
印刷・製本　シナノパブリッシングプレス

ISBN978-4-7615-2869-0

ストリートファイト
人間の街路を取り戻したニューヨーク市交通局長の闘い

ジャネット・サディク=カーンほか 著　中島直人 監訳　定価3500円+税

歩行者空間化したタイムズスクエア、まちに溢れるプラザや自転車レーン。かつて自動車が幅を利かせていたニューヨークの街路は、歩行者と自転車が主役の空間へと変貌を遂げた。小さな実践を足掛かりに大きく都市を変え、人間のための街路を勝ち取った、元ニューヨーク市交通局長による臨場感とアイデアに満ちた闘いの記録。

パーパスモデル　人を巻き込む共創のつくりかた

吉備友理恵・近藤哲朗 著　定価2300円+税

プロジェクトの現場で、多様な人を巻き込みたい／みんなを動機づける目的を立てたい／活動を成長させたい時に使えるツール「パーパスモデル」。国内外の共創事例をこのモデルで分析し、利益拡大の競争から、社会的な価値の共創への転換を解説。共創とは何か?どのように共創するか?共創で何ができるか?に答える待望の書。

フランスのウォーカブルシティ　歩きたくなる都市のデザイン

ヴァンソン藤井由実 著　定価2700円+税

フランスの街は今、歩く人や自転車で賑わい劇的にウォーカブルに変わっている。なぜ、スピーディにダイナミックに街を変えられるのか?歩行者空間の創出、自動車交通の抑制、自転車道・公共交通の整備、移動のDX等の方法論、制度・組織・実装のしくみを、多数の事例で紹介。15分都市からスマートシティまで、最前線に迫る。

北欧のパブリックスペース　街のアクティビティを豊かにするデザイン

小泉隆・ディビッド シム 著　定価3300円+税

北欧のパブリックスペースは、自然環境に配慮し、個人の自由に寛容で、人間中心の包括的な発想でデザインされる。本書は、ストリート、自転車道、広場、庭園、水辺、ビーチ、サウナ、屋上、遊び場の55事例を多数の写真・図面で紹介。人はどんな場所でどのように過ごしたいのか、アクティビティが生まれる都市空間を読み解く。

POP URBANISM　屋台・マーケットがつくる都市

中村航 著　定価2700円+税

小さく多様なローカルフードの店が集まる実験的で遊び心あふれた場が世界中で増えている。遊休地に並ぶコンテナ屋台、ストリートを彩るフードトラック、都市開発の核となるフードホールetc。新しい人の集まり方、コンテンツ開発、オープンで可変的なデザインの最前線を世界13都市に探る。隈研吾氏、黒崎輝男氏推薦!